数 字 艺 术 精 品 课 程 培 训 教 材

中文版

CorelDRAW 2022

基础培训教程

数字艺术教育研究室 编著

人民邮电出版社

北京

图书在版编目（CIP）数据

中文版CorelDRAW 2022基础培训教程 / 数字艺术教
育研究室编著. -- 北京 ：人民邮电出版社，2024.5
ISBN 978-7-115-63466-5

Ⅰ. ①中… Ⅱ. ①数… Ⅲ. ①平面设计－图形软件－
教材 Ⅳ. ①TP391.412

中国国家版本馆CIP数据核字(2024)第009282号

内 容 提 要

本书全面系统地介绍了 CorelDRAW 2022 的基本操作方法和矢量图形的制作技巧，包括 CorelDRAW 2022 的基本操作和图像的基础知识、绘制和编辑图形、绘制和编辑曲线、编辑轮廓线与填充颜色、排列和组合对象、编辑文本、编辑位图、应用特殊效果，以及商业案例实训等内容。

本书以课堂案例为主线，通过对各案例实际操作的讲解，带领读者快速熟悉软件功能和艺术设计思路。书中的软件功能解析部分可以帮助读者深入学习软件功能；课堂练习和课后习题部分可以提高读者的实际应用能力，使读者熟练掌握软件使用技巧；商业案例实训部分可以帮助读者快速掌握商业图形的设计理念和设计元素，使读者顺利达到实战水平。

本书的配套资源包括书中所有案例的素材、效果文件和在线教学视频，以及教师专享的教学大纲、教案、PPT 课件、教学题库等，读者可通过在线方式获取这些资源，具体方法请参看本书前言。

本书适合作为院校和培训机构艺术专业课程的教材，也可作为 CorelDRAW 自学人士的参考用书。

◆ 编　著　数字艺术教育研究室
　　责任编辑　张丹丹
　　责任印制　陈　犇

◆ 人民邮电出版社出版发行　　北京市丰台区成寿寺路 11 号
　　邮编　100164　　电子邮件　315@ptpress.com.cn
　　网址　https://www.ptpress.com.cn
　　三河市兴达印务有限公司印刷

◆ 开本：787×1092　1/16
　　印张：15　　　　　　　　　2024 年 5 月第 1 版
　　字数：358 千字　　　　　2024 年 5 月河北第 1 次印刷

定价：59.80 元

读者服务热线：(010)81055410　印装质量热线：(010)81055316
反盗版热线：(010)81055315
广告经营许可证：京东市监广登字 20170147 号

前 言

    CorelDRAW是由Corel公司开发的矢量图形处理软件，它在插画设计、平面设计、排版设计、包装设计、界面设计、产品设计和服饰设计等领域都有广泛的应用。该软件功能强大、易学易用，深受图形图像处理爱好者和平面设计人员的喜爱。

    为了广大读者能更好地学习CorelDRAW软件，数字艺术教育研究室根据多年经验编写了针对这一软件的基础教程。本书全面贯彻党的二十大精神，以社会主义核心价值观为引领，传承中华优秀传统文化，坚定文化自信，更好地体现时代性，把握规律性，富于创造性。

如何使用本书

01　　　　**精选基础知识，快速上手 CorelDRAW**

基础绘图 + 高级绘图 + 版式编排 + 特效应用四大核心功能

2.1 绘制图形

使用CorelDRAW 2022的基本绘图工具可以绘制简单的几何图形。通过本节的讲解和练习，读者可以初步掌握CorelDRAW 2022基本绘图工具的特性，为今后绘制更复杂、更优质的图形打下坚实的基础。

2.1.1 课堂案例——绘制花灯插画

案例学习目标 学习使用基本绘图工具绘制花灯插画。

案例知识要点 使用"矩形"工具、"常见形状"工具、"形状"工具、"转换为曲线"按钮、"椭圆形"工具、"垂直镜像"按钮绘制花灯插画。花灯插画效果如图2-1所示。

效果所在位置 学习资源\Ch02\效果\绘制花灯插画.cdr。

图2-1

01 按快捷键Ctrl+N，弹出"创建新文档"对话框，设置文档的宽度为100 mm、高度为100 mm、方向为"横向"、原色模式为CMYK、分辨率为300 dpi，单击OK按钮，新建一个文档。

02 选择"矩形"工具□，在绘图页面中绘制一个矩形，如图2-2所示。按数字键盘上的+键，复制矩形。选择"选择"工具▶，按住Shift键的同时，水平向右拖曳左侧中间的控制手柄到适当的位置，效果如图2-3所示。

2.1.2 绘制矩形

"矩形"工具用于绘制矩形、正方形、圆角矩形和任意角度放置的矩形。

1. 使用"矩形"工具绘制直角矩形

选择工具箱中的"矩形"工具□，在绘图页面中按住鼠标左键不放，拖曳鼠标到需要的位置，松开鼠标左键，完成矩形的绘制，如图2-54所示。"矩形"工具属性栏如图2-55所示。

按Esc键，取消矩形的选中状态，效果如图2-56所示。选择"选择"工具▶，在刚绘制好的矩形上单击，可以选中矩形。

| X: | 105.0 mm | | 104.102 mm | 100.0 % | | 0.0 |
| Y: | 148.5 mm | | 132.148 mm | 100.0 % | | |

图2-54　　　　　　　　　　　　　图2-55　　　　　　　　　　　　　图2-56

练习课堂所学知识

课堂练习——绘制南天竹花卉插画

练习知识要点 使用"导入"命令导入素材图片，使用"多边形"工具、"旋转角度"选项、"透明度"工具、"常见形状"工具、"椭圆形"工具绘制花盆，使用"2点线"工具、"椭圆形"工具、"水平翻转"按钮、"复杂星形"按钮绘制南天竹，效果如图2-196所示。

素材所在位置 学习资源\Ch02\素材\绘制南天竹花卉插画\01。

效果所在位置 学习资源\Ch02\效果\绘制南天竹花卉插画.cdr。

图2-196

巩固本章所学知识

课后习题——绘制卡通汽车

习题知识要点 使用"矩形"工具、"椭圆形"工具、"变换"泊坞窗、PowerClip命令和"水平镜像"按钮绘制卡通汽车，效果如图2-197所示。

效果所在位置 学习资源\Ch02\效果\绘制卡通汽车.cdr。

图2-197

图标设计

插画设计

宣传单设计

广告设计

图书封面设计

包装设计

教学指导

本书的参考学时为64学时，其中讲授环节为30学时，实训环节为34学时，各章的参考学时可以参见下面的学时分配表。

章序	课程内容	学时分配	
		讲授	实训
第 1 章	初识 CorelDRAW 2022	2	—
第 2 章	绘制和编辑图形	4	4
第 3 章	绘制和编辑曲线	2	4
第 4 章	编辑轮廓线与填充颜色	2	4
第 5 章	排列和组合对象	2	4
第 6 章	编辑文本	4	4
第 7 章	编辑位图	2	4
第 8 章	应用特殊效果	6	4
第 9 章	商业案例实训	6	6
学时总计		30	34

配套资源

● 学习资源

| 案例素材文件 | 最终效果文件 | 在线教学视频 | 赠送扩展案例 |

● 教师资源

| 教学大纲 | 授课计划 | 电子教案 | PPT 课件 |

| 教学案例 | 实训项目 | 教学视频 | 教学题库 |

这些配套资源均可在线获取，扫描"资源获取"二维码，关注"数艺设"的微信公众号，即可得到资源文件获取方式，并且可以通过该方式获得在线教学视频的观看地址。如需资源获取技术支持，请致函szys@ptpress.com.cn。

提示：微信扫描二维码关注公众号后，输入51页左下角的5位数字，获得资源获取帮助。

资源获取

教辅资源表

本书提供的教辅资源可参见下面的教辅资源表。

教辅资源类型	数量	教辅资源类型	数量
教学大纲	1 套	课堂案例	22 个
电子教案	9 单元	课堂练习	17 个
PPT 课件	9 个	课后习题	17 个

与我们联系

"数艺设"的联系邮箱是 szys@ptpress.com.cn。如果您对本书有任何疑问或建议，请您发邮件给我们，并请在邮件标题中注明本书书名及ISBN，以便我们更高效地做出反馈。

如果您有兴趣出版图书、录制教学课程，或者参与技术审校等工作，可以发邮件给我们。如果学校、培训机构或企业想批量购买本书或"数艺设"出版的其他图书，也可以发邮件联系我们。

关于"数艺设"

人民邮电出版社有限公司旗下品牌"数艺设"，专注于专业艺术设计类图书出版，为艺术设计从业者提供专业的图书、视频电子书、课程等教育产品。出版领域涉及平面、三维、影视、摄影与后期等数字艺术门类，字体设计、品牌设计、色彩设计等设计理论与应用门类，UI设计、电商设计、新媒体设计、游戏设计、交互设计、原型设计等互联网设计门类，环艺设计手绘、插画设计手绘、工业设计手绘等设计手绘门类。更多服务请访问"数艺设"社区平台www.shuyishe.com。我们将提供及时、准确、专业的学习服务。

目 录

第1章

初识CorelDRAW 2022

本章介绍

掌握CorelDRAW 2022的基础知识和基本操作是学习此软件的基础。本章将主要介绍CorelDRAW 2022的工作界面、文件的基本操作、页面布局的设置方法和图像的基础知识。通过学习本章内容，读者可以初步认识和简单使用这一创作工具，为后期的设计制作工作打下坚实的基础。

学习目标

●熟悉CorelDRAW 2022的工作界面。

●熟练掌握文件的基本操作。

●掌握页面布局的设置方法。

●了解图形和图像的基础知识。

技能目标

●了解CorelDRAW 2022工作界面的各个组成部分。

●熟练掌握文件的基本操作。

●熟练设置页面大小、布局、背景以及插入、删除与重命名页面。

●能够正确识别矢量图、位图以及相应的文件格式。

1.1 CorelDRAW 2022的工作界面

本节将介绍CorelDRAW 2022的工作界面，并简单介绍CorelDRAW 2022的菜单栏、"标准"工具栏、工具箱及泊坞窗。

1.1.1 工作界面

CorelDRAW 2022的工作界面主要由标题栏、菜单栏、"标准"工具栏、属性栏、工具箱、标尺、调色板、绘图页面、页面控制栏、泊坞窗、状态栏等部分组成，如图1-1所示。

图1-1

标题栏： 用于显示软件名和当前操作文件的文件名，还用于调整CorelDRAW 2022窗口的大小。

菜单栏： 集合了CorelDRAW 2022的所有命令，并将它们分门别类地放置在不同的菜单中，供用户选择使用。

"标准"工具栏： 提供了常用的工具按钮，可使用户轻松地完成基本的操作任务。

属性栏： 显示了绘制图形的信息，并提供了一系列可对图形进行相关修改操作的工具；在工具箱中选择不同的工具，属性栏中会显示该工具的相关选项。

工具箱： 分类存放CorelDRAW 2022中常用的工具，这些工具可以帮助用户完成各种工作；使用工具箱可以大大简化操作步骤，提高工作效率。

标尺： 用于度量图形的尺寸并对图形进行定位，是进行平面设计工作不可缺少的辅助工具之一。

调色板： 可以直接对选定的图形或图形边缘的轮廓线进行颜色填充。

绘图页面： 绘图窗口中带边框的矩形区域，只有此区域内的图形才可被打印出来。

页面控制栏: 用于创建新页面并显示文档各页面。

泊坞窗: CorelDRAW中具有特色的窗口,因其可停靠在绘图窗口边缘而得名;它提供了许多常用的功能,使用户在创作时更加高效。

状态栏: 为用户提供了有关当前操作的各种提示信息。

1.1.2 菜单栏

CorelDRAW 2022的菜单栏包含"文件""编辑""查看""布局""对象""效果""位图""文本""表格""工具""窗口""帮助"12个菜单,如图1-2所示。

| 文件(F) | 编辑(E) | 查看(V) | 布局(L) | 对象(J) | 效果(C) | 位图(B) | 文本(X) | 表格(T) | 工具(O) | 窗口(W) | 帮助(H) |

图1-2

单击每一个菜单都将弹出其下拉菜单。例如,单击"编辑"菜单,将弹出图1-3所示的"编辑"下拉菜单。

下拉菜单中,最左边为图标,它和工具栏中具有相同功能的工具按钮一致,便于用户记忆和使用;最右边为操作快捷键,便于用户提高工作效率。

某些命令后带有▶标记,表示该命令还有子菜单,将鼠标指针悬停在命令上即可弹出子菜单。

某些命令后带有...标记,选择该命令即可弹出对话框,从而进行进一步设置。

图1-3

此外,"编辑"下拉菜单中有些命令呈灰色显示,表示该命令当前不可使用,进行一些相关的操作后方可使用。

1.1.3 工具栏

菜单栏的下方通常是工具栏,CorelDRAW 2022的"标准"工具栏如图1-4所示。

图1-4

这里存放了常用的命令按钮,如"新建""打开""保存""从云中打开""保存到云""打印""剪切""复制""粘贴""撤销""重做""导入""导出""发布为PDF""缩放级别""全屏预览""显示标尺""显示网格""显示辅助线""贴齐关闭""贴齐""选项""应用程序启动器"等。使用这些命令按钮,用户可以便捷地完成一些基本操作。

此外，CorelDRAW 2022还提供了一些其他的工具栏，用户可以在菜单栏中选择相应的命令显示它们。例如，选择"窗口>工具栏>文本"命令，可以显示"文本"工具栏。"文本"工具栏如图1-5所示。

图1-5

选择"窗口>工具栏>变换"命令，可以显示"变换"工具栏。"变换"工具栏如图1-6所示。

图1-6

1.1.4 工具箱

CorelDRAW 2022的工具箱中放置着绘制图形时常用的一些工具，这些工具是每一个软件使用者都必须要掌握的基本操作工具。CorelDRAW 2022的工具箱如图1-7所示。

在工具箱中依次分类排列着"选择"工具▶、"形状"工具⟨、"裁剪"工具⟨、"缩放"工具◯、"手绘"工具⟨、"艺术笔"工具⟨、"矩形"工具◻、"椭圆形"工具◯、"多边形"工具◯、"文本"工具字、"平行度量"工具⟨、"连接器"工具⟨、"阴影"工具◻、"透明度"工具◻、"颜色滴管"工具⟨、"交互式填充"工具◻等。

其中，有些工具按钮带有小三角标记◢，表示还有拓展工具栏，将鼠标指针放在工具按钮上，按住鼠标左键即可展开其对应的拓展工具栏。例如，将鼠标指针放在"平行度量"工具⟨上，按住鼠标左键将展开图1-8所示的工具栏。

图1-7

图1-8

1.1.5 泊坞窗

CorelDRAW 2022的泊坞窗是十分有特色的窗口。当打开这类窗口时，它会停靠在绘图窗口的边缘，因此被称为"泊坞窗"。选择"窗口>泊坞窗>属性"命令，或按快捷键Alt+Enter，即可弹出图1-9右侧所示的"属性"泊坞窗。

图1-9

可将泊坞窗拖曳出来放置在任意位置，还可通过单击泊坞窗右上角的▶▶按钮或右边边框上的名称标签将泊坞窗折叠或展开，如图1-10所示。因此，泊坞窗又被称为"卷帘工具"。

CorelDRAW 2022中泊坞窗的列表位于"窗口 > 泊坞窗"子菜单中，可以选择"泊坞窗"子菜单中的命令，打开或关闭相应的泊坞窗。用户可以打开一个或多个泊坞窗，当多个泊坞窗都被打开时，除活动的泊坞窗之外，其余的泊坞窗将沿着当前打开的泊坞窗右边的边框以标签形式显示，如图1-11所示。

图1-10

图1-11

1.2 文件的基本操作

掌握一些基本的文件操作是开始设计和制作作品的基础。下面将介绍CorelDRAW 2022中文件的一些基本操作。

1.2.1 新建和打开文件

1. 在CorelDRAW 2022的欢迎屏幕中新建和打开文件

CorelDRAW 2022启动时的欢迎屏幕如图1-12所示。单击"新文档"按钮，可以创建一个新的文档；单击"从模板新建…"按钮，可以使用系统默认的模板创建文件；单击"打开文件…"按钮，会弹出图1-13所示的"打开绘图"对话框，可以从中选择要打开的图形文件；单击最近使用过的文档预览图，可以打开最近编辑过的图形文件，文档预览图的下方会显示文件名称和文件大小信息，将鼠标指针放置在文档预览图上方，还会显示文件创建时间、文件存储位置等信息。

2. 使用命令和快捷键新建和打开文件

选择"文件 > 新建"命令，或按快捷键Ctrl+N，可新建文件。选择"文件 > 从模板新建"或"文件>打开"命令，或按快捷键Ctrl+O，可打开文件。

图1-12

图1-13

3. 使用"标准"工具栏新建和打开文件

使用CorelDRAW 2022"标准"工具栏中的"新建"按钮▣和"打开"按钮▣·可以新建和打开文件。

1.2.2 保存和关闭文件

1. 使用命令和快捷键保存文件

选择"文件 > 保存"命令，或按快捷键Ctrl+S，可保存文件。选择"文件 > 另存为"命令，或按快捷键Ctrl+Shift+S，可将文件另存为新文件。

选择"另存为"命令或选择"保存"命令第一次保存文件时，会弹出图1-14所示的"保存绘图"对话框。在该对话框中，可以设置文件路径、文件名、保存类型和版本等保存选项。

图1-14

2. 使用"标准"工具栏保存文件

使用CorelDRAW 2022"标准"工具栏中的"保存"按钮▣可以保存文件。

3. 使用命令或按钮关闭文件

选择"文件 > 关闭"命令，或单击绘图窗口右上角的"关闭"按钮▣，可关闭文件。

此时，如果文件未保存，将弹出图1-15所示的提示框，询问用户是否保存文件。单击"是"按钮，则保存文件；单击"否"按钮，则不保存文件；单击"取消"按钮，则取消保存操作。

图1-15

1.2.3　导入和导出文件

1. 使用命令或快捷键导入和导出文件

　　选择"文件 > 导入"命令，或按快捷键Ctrl+I，弹出图1-16所示的"导入"对话框；在对话框中选择要导入的文件，单击"导入"按钮，然后在页面中单击即可导入文件。

　　选择"文件 > 导出"命令，或按快捷键Ctrl+E，弹出图1-17所示的"导出"对话框；在对话框中设置文件保存路径、文件名和保存类型等导出选项，单击"导出"按钮，即可导出文件。

图1-16

图1-17

2. 使用"标准"工具栏导入和导出文件

　　使用CorelDRAW 2022"标准"工具栏中的"导入"按钮或"导出"按钮也可以将文件导入或导出。

1.3　设置页面布局

　　利用"选择"工具属性栏可以轻松地进行页面布局的设置。选择"选择"工具，选择"工具 > 选项"子菜单中的任意命令，或单击"标准"工具栏中的"选项"按钮并在弹出的列表中选择任意选项，或按快捷键Ctrl+J，打开"选项"对话框。在该对话框中单击"自定义"按钮，切换到相应的对话框界面，选择"命令栏"选项，再勾选"属性栏"复选框，如图1-18所示，然后单击OK按钮，则可显示图1-19所示的"选择"工具属性栏。在该属性栏中，可以设置页面尺寸、页面的高度和宽度、页面的方向等。

图1-18

图1-19

1.3.1 设置页面尺寸

利用"布局"菜单中的"页面大小"命令，可以对页面进行更详细的设置。选择"布局 > 页面大小"命令，弹出"选项"对话框，如图1-20所示。

选择"页面尺寸"选项，可以对页面大小和方向进行设置，还可设置页面的渲染分辨率、出血等。

选择"标记预设"单选按钮时，"选项"对话框如图1-21所示，这里有超过800种标签格式供用户选择。

图1-20

图1-21

1.3.2 设置布局

选择"布局"选项时，"选项"对话框如图1-22所示，可从中选择布局的样式。

图1-22

1.3.3 设置背景

选择"背景"选项时，"选项"对话框如图1-23所示，可以从中选择纯色或位图作为页面的背景，也可以设置为无背景。

图1-23

1.3.4 插入、删除与重命名页面

1. 插入页面

选择"布局 > 插入页面"命令，弹出图1-24所示的"插入页面"对话框。在该对话框中，可以设置插入的页码数、位置、页面大小和方向等。

在CorelDRAW 2022状态栏的页面标签上单击鼠标右键，弹出图1-25所示的快捷菜单。在快捷菜单中选择插入页面的相关命令，即可插入新页面。

2. 删除页面

选择"布局 > 删除页面"命令，弹出图1-26所示的"删除页面"对话框。在该对话框中，可以设置要删除页面的序号，还可以同时删除多个连续的页面。

3. 重命名页面

选择"布局 > 重命名页面"命令，弹出图1-27所示的"重命名页面"对话框。在该对话框的"页名"文本框中输入名称，单击OK按钮，即可重命名页面。

图1-24

图1-25

图1-26

图1-27

1.4 图形和图像的基础知识

如果想要学好CorelDRAW 2022，就需要对图像的种类、色彩模式及文件格式有所了解，下面进行详细介绍。

1.4.1 位图与矢量图

在计算机中，图像大致可以分为两种：位图和矢量图。位图效果如图1-28所示，矢量图效果如图1-29所示。

图1-28   图1-29

位图又称为点阵图，是由许多点组成的，这些点称为像素。许许多多不同色彩的像素组合在一起便构成了一幅图像。由于位图采取点阵的方式记录图像内容，每个像素都能够记录图像的色彩信息，因此位图可以精确地表现色彩丰富的图像。但图像的色彩越丰富，图像的像素就越多（即分辨率越高），文件也就越大，因此处理位图时，对计算机硬盘和内存的要求较高。同时由于位图本身的特点，位图在缩放或旋转变形时会产生失真的现象。

矢量图是相对于位图而言的，也称为向量图，它是以数学的矢量方式来记录图像内容的。矢量图形中的图元素称为对象，每个对象都是独立的，具有各自的属性（如颜色、形状、轮廓、大小和位置等）。矢量图在缩放时不会产生失真的现象，并且它的文件占用的存储空间较小。这种图像的缺点是不易表现色彩丰富的图像，无法像位图那样精确地描绘各种绚丽的色彩。

这两种类型的图像各具特色，各有优缺点，并且两者之间具有良好的互补性。因此，在处理图像和绘制图形的过程中，将这两种图像灵活使用，取长补短，能创作出更优秀的作品。

1.4.2 色彩模式

CorelDRAW 2022提供了多种色彩模式。这些色彩模式提供了把色彩协调一致地用数值表示的方法。这些色彩模式是设计制作的作品能够在屏幕和印刷品上成功表现的重要保障。在这些色彩模式中，经常使用到的有RGB模式、CMYK模式、HSB模式、Lab模式及灰度模式等。每种色彩模式都有不同的色域，用户可以根据需要选择合适的色彩模式，并且各个模式之间可以互相转换。

1. RGB模式

RGB模式是工作中使用很广泛的一种色彩模式。RGB模式是一种加色模式，它通过红、绿、蓝3种色光相叠加而形成更多的颜色。同时RGB模式也是色光的色彩模式，一幅24位的RGB模式图像有3个色彩信息的通道：红色（R）、绿色（G）和蓝色（B）。

每个通道都有8位的色彩信息：一个0~255的亮度值色域。RGB模式3种色彩的数值越大，颜色就越浅，当3种色彩的数值都为255时，颜色被调整为白色；RGB模式3种色彩的数值越小，颜色就越深，当3种色彩的数值都为0时，颜色被调整为黑色。

3种色彩的每一种色彩都有256个亮度级别。3种色彩相叠加，约有1670万（256×256×256）种可能的颜色。这1670万种颜色足以表现出这个绚丽多彩的世界。用户使用的显示器就是RGB模式的。

进入RGB模式的步骤：按快捷键Shift+F11，弹出"编辑填充"对话框，在对话框中单击"均匀填充"按钮▣，选择RGB色彩模式，然后设置RGB值，如图1-30所示。

在编辑图像时，RGB模式应是最佳的选择。因为它可以提供全屏幕的多达24位的色彩范围，所以一些计算机领域的色彩专家称其为True Color（真彩显示）。

2. CMYK模式

CMYK模式应用了色彩学中的减法混合原理，通过反射某些颜色的光并吸收另外一些颜色的光来产生不同的颜色，它是一种减色色彩模式。CMYK代表印刷上用的4种油墨色：C代表青色，M代表洋红色，Y代表黄色，K代表黑色。CorelDRAW 2022在默认状态下使用的就是CMYK模式。

CMYK模式是一种常用的图片印刷方式，在印刷中通常要进行四色分色，制作四色胶片，然后再进行印刷。

进入CMYK模式的步骤：按快捷键Shift+F11，弹出"编辑填充"对话框，单击"均匀填充"按钮▣，选择CMYK色彩模式，然后设置CMYK值，如图1-31所示。

图1-30　　　　　　　　　　　　　　　图1-31

3. HSB模式

HSB模式是一种更直观的色彩模式，它的调色方法更接近人的视觉原理，在调色过程中更容易找到需要的颜色。

H代表色相，S代表饱和度，B代表亮度。色相是指反射自物体或投射自物体的颜色。在0°到360°的标准色轮上，按位置度量色相。在日常使用中，色相由颜色名称标识，如红色、橙色或绿色。饱和度代表色彩的纯度，饱和度为0时为灰色，黑、白两种颜色没有饱和度。亮度是指色彩的明亮程度，最大亮度是色彩最鲜明的状态，黑色的亮度为0。

进入HSB模式的步骤：按快捷键Shift+F11，弹出"编辑填充"对话框，单击"均匀填充"按钮■，选择HSB色彩模式，然后设置HSB值，如图1-32所示。

4. Lab模式

Lab模式是一种国际色彩标准模式，它由3个通道组成：一个通道是透明度，即L；另外两个通道是色彩通道，即色相和饱和度，分别用a和b表示。a通道包括的颜色从深绿色到灰色，再到亮粉红色；b通道包括的颜色从亮蓝色到灰色，再到焦黄色。这些颜色混合后将产生明亮的颜色。

进入Lab模式的步骤：按快捷键Shift+F11，弹出"编辑填充"对话框，单击"均匀填充"按钮■，选择Lab色彩模式，然后设置Lab值，如图1-33所示。

图1-32

图1-33

Lab模式在理论上可以产生人眼可见的所有颜色，它弥补了CMYK模式和RGB模式的不足。在这种模式下图像的处理速度比在CMYK模式下快数倍，与在RGB模式下的速度相仿。此外，在把Lab模式转换成CMYK模式的过程中，所有的颜色不会丢失或被替换。事实上，在将RGB模式转换成CMYK模式时，Lab模式扮演着中间者的角色。也就是说，RGB模式先转换成Lab模式，再由Lab模式转换成CMYK模式。

5.　灰度模式

在灰度模式下形成的灰度图又叫8位深度图。灰度图中的每个像素用8个二进制数表示，能产生2^8（即256）级灰色调。当彩色模式文件被转换为灰度模式文件时，所有的颜色信息都将丢失。尽管CorelDRAW 2022允许将灰度模式文件转换为彩色模式文件，但不可能将原来的颜色完全还原。所以，当要将某图像的色彩模式转换为灰度模式时，请先做好图像的备份。

与黑白照片一样，灰度模式的图像只有亮度信息，没有色相和饱和度这两种信息。其中，0%代表黑色，100%代表白色。

当彩色模式文件被转换为双色调模式文件时，必须先将彩色模式文件转换为灰度模式文件，然后由灰度模式文件转换为双色调模式文件。在制作黑白印刷品时经常使用灰度模式。

进入灰度模式的步骤：按快捷键Shift+F11，弹出"编辑填充"对话框，单击"均匀填充"按钮■，选择Grayscale色彩模式，然后设置灰度值，如图1-34所示。

图1-34

1.4.3　文件格式

CorelDRAW 2022中有20多种文件格式可供选择。在这些文件格式中，既有CorelDRAW 的专用格式，也有用于应用程序交换的文件格式，还有一些比较特殊的格式。

1.　CDR格式

CDR格式是CorelDRAW的专用图形文件格式。CDR格式可以记录文件的属性、位置和分页等信息。但它的兼容性比较差，只能在CorelDRAW中打开（注意，高版本软件可打开低版本软件制作的CDR文件，反之则不行），在其他图像编辑软件中无法打开。

2.　AI格式

AI格式是一种矢量图片格式，是Adobe公司的Illustrator软件的专用文件格式，它的兼容性比较强。CDR格式的文件可以导出为AI格式的文件。

3. TIFF格式

TIF（TIFF）格式是标签图像格式。TIF格式对色彩通道图像来说是较有用的格式，具有很强的可移植性。它可以用于Windows、Mac及UNIX三大平台，是这三大平台上使用较广泛的图片格式。用TIF格式存储文件时应考虑文件的大小，因为TIF格式的结构要比其他格式更大、更复杂。TIF格式支持24个通道，能存储多于4个通道的文件。TIF格式非常适合用于印刷和输出。

4. PSD格式

PSD格式是Photoshop软件的专用文件格式。PSD格式能够保存图像的细小部分信息，如图层、蒙版、通道等Photoshop对图像进行特殊处理的信息。但是PSD格式也有缺点，用它存储图像的文件特别大，占用空间多，通用性不强。

5. JPEG格式

JPEG是Joint Photographic Experts Group的缩写，译为联合图片专家组。它是目前常用的存储类型。JPEG格式是压缩格式中的"佼佼者"，与TIF格式采用的LZW无损压缩相比，它的压缩比例更大，但它采用的有损压缩算法会丢失部分数据。用户可以在存储图像前选择图像的质量，这样能控制数据的损失程度。

6. PNG格式

PNG格式是用于无损压缩和在Web上显示图像的文件格式，是GIF格式的无专利替代品。它支持24位图像，且能产生无锯齿状边缘的背景透明度，还支持无Alpha通道的RGB、索引颜色、灰度和位图模式的图像。某些Web浏览器不支持PNG格式图像。

第 2 章

绘制和编辑图形

本章介绍

CorelDRAW 2022绘制和编辑图形的功能非常强大。本章将详细介绍使用CorelDRAW 2022绘制和编辑图形的多种方法和技巧。通过学习本章内容，读者可以掌握绘制与编辑图形的方法和技巧，为进一步学习CorelDRAW 2022打下坚实的基础。

学习目标

●掌握几何图形的绘制方法。

●熟练掌握编辑图形的技巧。

技能目标

●掌握"花灯插画"的绘制方法。

●掌握"风景插画"的绘制方法。

2.1 绘制图形

使用CorelDRAW 2022的基本绘图工具可以绘制简单的几何图形。通过本节的讲解和练习，读者可以初步掌握CorelDRAW 2022基本绘图工具的特性，为今后绘制更复杂、更优质的图形打下坚实的基础。

2.1.1 课堂案例——绘制花灯插画

案例学习目标 学习使用基本绘图工具绘制花灯插画。

案例知识要点 使用"矩形"工具、"常见形状"工具、"形状"工具、"转换为曲线"按钮、"椭圆形"工具、"垂直镜像"按钮绘制花灯插画。花灯插画效果如图2-1所示。

效果所在位置 学习资源\Ch02\效果\绘制花灯插画.cdr。

图2-1

01 按快捷键Ctrl+N，弹出"创建新文档"对话框，设置文档的宽度为100 mm、高度为100 mm、方向为"横向"、原色模式为CMYK、分辨率为300 dpi，单击OK按钮，新建一个文档。

02 选择"矩形"工具□，在绘图页面中绘制一个矩形，如图2-2所示。按数字键盘上的+键，复制矩形。选择"选择"工具▶，按住Shift键的同时，水平向右拖曳左侧中间的控制手柄到适当的位置，效果如图2-3所示。

图2-2   图2-3

03 按F12键，弹出"轮廓笔"对话框，在"颜色"选项中设置轮廓线颜色的CMYK值为49、100、100、26，其他选项的设置如图2-4所示；单击OK按钮，效果如图2-5所示。

图2-4

图2-5

04 选中下方的矩形，按F12键，弹出"轮廓笔"对话框，在"颜色"选项中设置轮廓线颜色的CMYK值为49、100、100、26，其他选项的设置如图2-6所示；单击OK按钮，效果如图2-7所示。在"CMYK调色板"中的"红"色块上单击，填充图形，效果如图2-8所示。

图2-6

图2-7

图2-8

05 选择"常见形状"工具，在属性栏中单击"常用形状"按钮，在弹出的下拉列表中选择需要的基本图形，如图2-9所示，在适当的位置拖曳鼠标绘制图形，效果如图2-10所示。

图2-9

图2-10

06 选择"形状"工具，单击并拖曳红色菱形符号到适当的位置，调整圆角大小，效果如图2-11所示。选择"选择"工具，按F12键，弹出"轮廓笔"对话框，在"颜色"选项中设置轮廓线颜色的CMYK值为49、100、100、26，其他选项的设置如图2-12所示；单击OK按钮，效果如图2-13所示。设置图形颜色的CMYK值为0、20、100、0，填充图形，效果如图2-14所示。

图2-11

图2-12

图2-13

图2-14

07 选择"矩形"工具▢，在适当的位置绘制一个矩形，如图2-15所示。单击属性栏中的"转换为曲线"按钮⌀，将图形转换为曲线，如图2-16所示。

图2-15　　　　图2-16

08 选择"形状"工具⬚，选中左上角的节点，按住Shift键的同时，水平向右拖曳选中的节点到适当的位置，效果如图2-17所示。用相同的方法调整右上角的节点到适当的位置，效果如图2-18所示。

图2-17　　　　图2-18

09 按F12键，弹出"轮廓笔"对话框，在"颜色"选项中设置轮廓线颜色的CMYK值为49、100、100、26，其他选项的设置如图2-19所示；单击OK按钮，效果如图2-20所示。设置图形颜色的CMYK值为0、20、100、0，填充图形，效果如图2-21所示。

图2-19

图2-20　　　　图2-21

10 选择"选择"工具▨，按数字键盘上的+键，复制图形。按住Shift键的同时，水平向右拖曳左侧中间的控制手柄到适当的位置，效果如图2-22所示。用相同的方法绘制其他矩形，并填充相应的颜色，效果如图2-23所示。

图2-22　　　　图2-23

11 选择"选择"工具▨，用圈选的方法将所绘制的图形同时选取，如图2-24所示。按数字键盘上的+键，复制图形。按住Shift键的同时，垂直向上拖曳复制的图形到适当的位置，效果如图2-25所示。单击属性栏中的"垂直镜像"按钮⬓，垂直翻转图形，效果如图2-26所示。用相同的方法绘制其他图形，并填充相应的颜色，效果如图2-27所示。

图2-24   图2-25

图2-26   图2-27

12 选择"椭圆形"工具○，按住Ctrl键的同时，在适当的位置绘制
一个圆形，设置图形颜色的CMYK值为49、100、100、26，填充
图形，并去除图形的轮廓线，效果如图2-28所示。

图2-28

13 选择"矩形"工具□，在适当的位置绘制一个矩形，如图2-29所示。在属性栏中将"圆角半径"选
项均设为1.4 mm，如图2-30所示；按Enter键，效果如图2-31所示。设置图形颜色的CMYK值为49、
100、100、26，填充图形，并去除图形的轮廓线，效果如图2-32所示。

图2-29   图2-30

图2-31   图2-32

14 保持圆角矩形的选中状态，选择"选择"工具▶，按住Shift键的同时，单击上方圆形将其同时选取，
如图2-33所示。按数字键盘上的+键，复制图形。按住Shift键的同时，垂直向下拖曳复制的图形到适当
的位置，效果如图2-34所示。

15 选择"选择"工具▶，选中下方圆角矩形，按住Shift键的同时，垂直向下拖曳下边中间的控制手柄到
适当的位置，调整其大小，效果如图2-35所示。

图2-33　　　　　　　　图2-34　　　　　　　　图2-35

16 使用"选择"工具 ，用圈选的方法将所绘制的图形同时选取，如图2-36所示。按数字键盘上的+键，复制图形。按住Shift键的同时，水平向右拖曳复制的图形到适当的位置，效果如图2-37所示。用相同的方法分别绘制其他图形，并填充相应的颜色，效果如图2-38所示。

图2-36　　　　　　　　图2-37　　　　　　　　图2-38

17 选择"矩形"工具 ，在适当的位置绘制一个矩形，如图2-39所示。在属性栏中将"圆角半径"选项均设为5.2 mm，如图2-40所示；按Enter键，效果如图2-41所示。设置图形颜色的CMYK值为0、20、20、0，填充图形，并去除图形的轮廓线，效果如图2-42所示。

图2-39　　　　　　　　　　　　　　　图2-40

图2-41　　　　　　　　图2-42

18 选择"矩形"工具 ，在适当的位置绘制一个矩形，如图2-43所示。设置图形颜色的CMYK值为0、20、20、0，填充图形，并去除图形的轮廓线，效果如图2-44所示。

图2-43　　　　　　　　图2-44

19 选择"椭圆形"工具⬭，按住Ctrl键的同时，在适当的位置绘制一个圆形，设置图形颜色的CMYK值为0、20、20、0，填充图形，并去除图形的轮廓线，效果如图2-45所示。

图2-45

20 按数字键盘上的+键，复制圆形。选择"选择"工具▶，按住Shift键的同时，水平向右拖曳复制的圆形到适当的位置，效果如图2-46所示。用圈选的方法将所绘制的图形同时选取，单击属性栏中的"移除前面对象"按钮⬚，将三个图形剪切为一个图形，效果如图2-47所示。用相同的方法再绘制一个圆角矩形，并填充相应的颜色，效果如图2-48所示。

图2-46　　　　　　　　　　图2-47　　　　　　　　　　图2-48

21 选择"选择"工具▶，用圈选的方法将所绘制的图形同时选取，如图2-49所示，按快捷键Ctrl+G，将其群组。按快捷键Shift+PageDown，将图形向后移到适当的位置，效果如图2-50所示。

图2-49　　　　　　　　　　图2-50

22 按数字键盘上的+键，复制图形。向左上角拖曳群组图形到需要的位置，如图2-51所示。单击属性栏中的"垂直镜像"按钮⬚，垂直翻转图形，效果如图2-52所示。花灯插画绘制完成，效果如图2-53所示。

图2-51　　　　　　　　　　图2-52　　　　　　　　　　图2-53

2.1.2 绘制矩形

"矩形"工具用于绘制矩形、正方形、圆角矩形和任意角度放置的矩形。

1. 使用"矩形"工具绘制直角矩形

选择工具箱中的"矩形"工具▭，在绘图页面中按住鼠标左键不放，拖曳鼠标到需要的位置，松开鼠标左键，完成矩形的绘制，如图2-54所示。"矩形"工具属性栏如图2-55所示。

按Esc键，取消矩形的选中状态，效果如图2-56所示。选择"选择"工具▶，在刚绘制好的矩形上单击，可以选中矩形。

图2-54 图2-55 图2-56

按F6键，快速选择"矩形"工具▭，可在绘图页面中适当的位置绘制矩形。

按住Ctrl键，可在绘图页面中绘制正方形。

按住Shift键，可在绘图页面中以当前点为中心绘制矩形。

按住Shift+Ctrl组合键，可在绘图页面中以当前点为中心绘制正方形。

> **技巧** 双击工具箱中的"矩形"工具▭，可以绘制出一个和绘图页面大小一样的矩形。

2. 使用"矩形"工具绘制圆角矩形

在绘图页面中绘制一个矩形，如图2-57所示。在属性栏中，如果将"圆角半径"选项中的小锁图标🔒选定，则改变"圆角半径"时，矩形4个角的圆角半径将同步改变。设定"圆角半径"▦的值，如图2-58所示，按Enter键，效果如图2-59所示。

图2-57 图2-58 图2-59

如果不选定小锁图标🔒，则可以单独改变一个角的圆角半径。在属性栏中，分别设定"圆角半径"🔲🔲的值，如图2-60所示，按Enter键，效果如图2-61所示。如果要将圆角矩形还原为直角矩形，可以将圆角半径均设为0。

图2-60　　　　　　　　　　　　　图2-61

3. 使用鼠标拖曳矩形节点绘制圆角矩形

绘制一个矩形。按F10键，快速选择"形状"工具🔧，选中矩形其中一个边角的节点，如图2-62所示；按住鼠标左键拖曳矩形边角的节点，可以同时改变4个边角为圆角，如图2-63所示。松开鼠标左键，圆角矩形的效果如图2-64所示。

图2-62　　　　　　　　　　图2-63　　　　　　　　　　图2-64

4. 使用"矩形"工具绘制扇形角图形

绘制一个矩形，如图2-65所示。在属性栏中，单击"扇形角"按钮⚫，设置"圆角半径"🔲🔲的值均为20 mm，如图2-66所示，按Enter键，效果如图2-67所示。

图2-65　　　　　　　　　　图2-66　　　　　　　　　　图2-67

5. 使用"矩形"工具绘制倒棱角图形

绘制一个矩形，如图2-68所示。在属性栏中，单击"倒棱角"按钮 ⬚，设置"圆角半径" ⬚⬚⬚⬚ 的值均为20 mm，如图2-69所示，按Enter键，效果如图2-70所示。

图2-68   图2-69   图2-70

6. 使用"相对角缩放"按钮调整图形

绘制一个圆角矩形，其属性栏和效果如图2-71所示。在属性栏中，单击"相对角缩放"按钮 ⬚，拖曳控制手柄调整图形的大小，圆角半径将根据图形的调整而进行改变，调整图形后的属性栏和效果如图2-72所示。

图2-71   图2-72

7. 绘制以任意角度放置的矩形

选择"矩形"工具 ⬚拓展工具栏中的"3点矩形"工具 ⬚，在绘图页面中按住鼠标左键不放，拖曳鼠标到需要的位置，松开鼠标左键，可绘制出一条任意方向的线段作为矩形的一条边，如图2-73所示；再拖曳鼠标到需要的位置，确定矩形的另一条边，如图2-74所示；单击即可完成矩形的绘制，效果如图2-75所示。

图2-73   图2-74   图2-75

2.1.3　绘制椭圆形

"椭圆形"工具用于绘制椭圆形、圆形、饼形、弧形和任意角度放置的椭圆形。

1. 使用"椭圆"工具绘制椭圆形和圆形

选择"椭圆形"工具○，在绘图页面中按住鼠标左键不放，拖曳鼠标到需要的位置，松开鼠标左键，完成椭圆形的绘制，如图2-76所示。"椭圆形"工具属性栏如图2-77所示。

按住Ctrl键，在绘图页面中可以绘制圆形，如图2-78所示。

图2-76　　　　　　　　图2-77　　　　　　　　图2-78

按F7键，快速选择"椭圆形"工具○，可在绘图页面中适当的位置绘制椭圆形。

按住Shift键，可在绘图页面中以当前点为中心绘制椭圆形。

按住Shift+Ctrl组合键，可在绘图页面中以当前点为中心绘制圆形。

2. 使用"椭圆"工具绘制饼形和弧形

绘制一个圆形，如图2-79所示。单击"椭圆形"工具属性栏（见图2-80）中的"饼形"按钮○，可将圆形转换为饼形，如图2-81所示。

图2-79　　　　　　　　图2-80　　　　　　　　图2-81

单击"椭圆形"工具属性栏（见图2-82）中的"弧形"按钮○，可将圆形转换为弧形，如图2-83所示。

图2-82　　　　　　　　图2-83

在"起始和结束角度" 中设置饼形和弧形的起始角度和结束角度，按Enter键，可以准确绘制饼形和弧形，效果如图2-84所示。

图2-84

> **技巧** 在选中椭圆形的状态下，在属性栏中单击"饼形"按钮或"弧形"按钮，可以使图形在饼形和弧形之间转换。单击属性栏中的"更改方向"按钮，可以将饼形或弧形进行180°的镜像翻转。

3. 使用鼠标拖曳椭圆形节点绘制饼形和弧形

绘制一个圆形。按F10键，快速选择"形状"工具，选中轮廓线上的节点并按住鼠标左键不放，如图2-85所示；向圆形内拖曳节点，如图2-86所示。松开鼠标左键，圆形变成饼形，效果如图2-87所示。向圆形外拖曳轮廓线上的节点，可使圆形变成弧形。

图2-85　　　　　　　　图2-86　　　　　　　　图2-87

4. 绘制以任意角度放置的椭圆形

选择"椭圆形"工具拓展工具栏中的"3点椭圆形"工具，在绘图页面中按住鼠标左键不放，拖曳鼠标到需要的位置，松开鼠标左键，可绘制一条任意方向的线段作为椭圆形的一个轴，如图2-88所示。再拖曳鼠标到需要的位置，即可确定椭圆形的形状，如图2-89所示。此时单击即可完成椭圆形的绘制，如图2-90所示。

图2-88　　　　　　　　图2-89　　　　　　　　图2-90

2.1.4 绘制多边形

选择"多边形"工具○，在绘图页面中按住鼠标左键不放，拖曳鼠标到需要的位置，松开鼠标左键，完成多边形的绘制，如图2-91所示。"多边形"工具属性栏如图2-92所示。

设置"多边形"工具属性栏中的"点数或边数"○5⌄数值为9，如图2-93所示，按Enter键，多边形效果如图2-94所示。

图2-91　　图2-92　　图2-93　　图2-94

绘制一个多边形，如图2-95所示。选择"形状"工具，选中轮廓线上的节点并按住鼠标左键不放，如图2-96所示；向多边形内或外拖曳节点，如图2-97所示，可以将多边形改变为星形，效果如图2-98所示。

图2-95　　图2-96　　图2-97　　图2-98

2.1.5 绘制星形

1. 绘制简单星形

选择"星形"工具☆，在绘图页面中按住鼠标左键不放，拖曳鼠标到需要的位置，松开鼠标左键，完成星形的绘制，如图2-99所示。"星形"工具属性栏如图2-100所示。设置"星形"工具属性栏中的"点数或边数"☆5⌄数值为8，按Enter键，星形效果如图2-101所示。

图2-99　　图2-100　　图2-101

2. 绘制复杂星形

在"星形"工具属性栏中单击"复杂星形"按钮❄，在绘图页面中按住鼠标左键不放，拖曳鼠标到需要的位置，松开鼠标左键，完成复杂星形的绘制，如图2-102所示。"复杂星形"工具属性栏如图2-103所示。设置"复杂星形"工具属性栏中的"点数或边数" ❄ 9 数值为12、"锐度" ▲ 2 数值为3，按Enter键，复杂星形效果如图2-104所示。

图2-102　　　　　　　　　图2-103　　　　　　　　　图2-104

2.1.6　绘制螺旋线

1. 绘制对称式螺旋线

选择"螺纹"工具◎，在绘图页面中按住鼠标左键不放，从左上角向右下角拖曳鼠标到需要的位置，松开鼠标左键，完成对称式螺旋线的绘制，如图2-105所示，此时的"螺纹"工具属性栏如图2-106所示。

图2-105　　　　　　　　　图2-106

如果从右下角向左上角拖曳鼠标到需要的位置，则可以绘制出反向的对称式螺旋线。在"螺纹回圈" ◎ 4 框中可以重新设定螺旋线的圈数，绘制需要的螺旋线效果。

2. 绘制对数式螺旋线

选择"螺纹"工具◎，在属性栏中单击"对数螺纹"按钮◎，在绘图页面中按住鼠标左键不放，从左上角向右下角拖曳鼠标到需要的位置，松开鼠标左键，完成对数式螺旋线的绘制，如图2-107所示，此时的"螺纹"工具属性栏如图2-108所示。

图2-107　　　　　　　　　图2-108

在"螺纹扩展参数" ◎ 100 框中可以重新设定螺旋线的扩展参数，将数值分别设定为80和20时，螺旋线向外扩展的效果如图2-109所示。当数值为1时，将绘制出对称式螺旋线。

图2-109

按A键，快速选择"螺纹"工具◎，可在绘图页面中适当的位置绘制螺旋线。

按住Ctrl键，可在绘图页面中绘制正圆螺旋线。

按住Shift键，可在绘图页面中以当前点为中心绘制螺旋线。

按住Shift+Ctrl组合键，可在绘图页面中以当前点为中心绘制正圆螺旋线。

2.1.7 绘制常见的形状

1. 绘制基本形状

选择"常见形状"工具，在属性栏中单击"常用形状"按钮，在弹出的下拉列表中选择需要的基本形状，如图2-110所示。

在绘图页面中按住鼠标左键不放，从左上角向右下角拖曳鼠标到需要的位置，松开鼠标左键，完成基本形状的绘制，效果如图2-111所示。

图2-110　　图2-111

2. 绘制箭头形状

选择"常见形状"工具，在属性栏中单击"常用形状"按钮，在弹出的下拉列表中选择需要的箭头形状，如图2-112所示。

在绘图页面中按住鼠标左键不放，从左上角向右下角拖曳鼠标到需要的位置，松开鼠标左键，完成箭头形状的绘制，如图2-113所示。

图2-112　　图2-113

3. 绘制流程图形状

选择"常见形状"工具，在属性栏中单击"常用形状"按钮，在弹出的下拉列表中选择需要的流程图形状，如图2-114所示。

在绘图页面中按住鼠标左键不放，从左上角向右下角拖曳鼠标到需要的位置，松开鼠标左键，完成流程图形状的绘制，如图2-115所示。

4. 绘制条幅形状

选择"常见形状"工具，在属性栏中单击"常用形状"按钮，在弹出的下拉列表中选择需要的条幅形状，如图2-116所示。

在绘图页面中按住鼠标左键不放，从左上角向右下角拖曳鼠标到需要的位置，松开鼠标左键，完成条幅形状的绘制，如图2-117所示。

图2-114   图2-115   图2-116   图2-117

5. 绘制标注形状

选择"常见形状"工具，在属性栏中单击"常用形状"按钮，在弹出的下拉列表中选择需要的标注形状，如图2-118所示。

在绘图页面中按住鼠标左键不放，从左上角向右下角拖曳鼠标到需要的位置，松开鼠标左键，完成标注形状的绘制，如图2-119所示。

图2-118   图2-119

6. 调整常见的形状

绘制一个形状，如图2-120所示。选中要调整的形状的红色菱形符号，并按住鼠标左键不放将其拖曳到需要的位置，如图2-121所示。得到需要的形状后，松开鼠标左键，效果如图2-122所示。

图2-120   图2-121   图2-122

> **提示** CorelDRAW 2022内置的流程图形状中没有红色菱形符号，所以不能对此类形状进行类似的调整。

2.2 编辑图形

在CorelDRAW 2022中，可以使用强大的图形编辑功能对图形进行编辑，其中包括图形的多种选取方式，图形的缩放、移动、镜像、复制和删除，以及图形的调整。本节将讲解多种编辑图形的方法和技巧。

2.2.1 课堂案例——绘制风景插画

案例学习目标 学习使用图形编辑方法绘制风景插画。

案例知识要点 使用"选择"工具移动并缩放图形，使用"水平镜像"按钮翻转图形，使用"变换"泊坞窗复制并镜像图形。风景插画效果如图2-123所示。

效果所在位置 学习资源\Ch02\效果\绘制风景插画.cdr。

图2-123

01 按快捷键Ctrl+O，打开学习资源中的"Ch02\素材\绘制风景插画\01"文件，如图2-124所示。选择"选择"工具，选中云彩图形，如图2-125所示。

图2-124

图2-125

02 按数字键盘上的+键，复制云彩图形。向右下方拖曳复制的云彩图形到适当的位置，效果如图2-126所示。按住Shift键的同时，拖曳右上角的控制手柄等比例放大云彩图形，效果如图2-127所示。

图2-126

图2-127

03 单击属性栏中的"水平镜像"按钮▣，水平翻转云彩图形，效果如图2-128所示。用相同的方法分别复制其他"云彩""树"和"老鹰"图形，并调整其大小，效果如图2-129所示。

图2-128

图2-129

04 使用"选择"工具▣，按住Shift键的同时，将需要的图形同时选取，如图2-130所示。按快捷键Alt+F9，弹出"变换"泊坞窗，按照图2-131所示设置选项，再单击"应用"按钮，复制并镜像图形，效果如图2-132所示。按住Shift键的同时，垂直向上拖曳镜像的图形到适当的位置，效果如图2-133所示。

图2-130

图2-131

图2-132

图2-133

05 选择"透明度"工具▣，在属性栏中单击"均匀透明度"按钮▣，其他选项的设置如图2-134所示，按Enter键，透明效果如图2-135所示。

图2-134

图2-135

06 按Esc键，取消图形的选取状态，风景插画绘制完成，效果如图2-136所示。

图2-136

2.2.2 图形的选取

在CorelDRAW 2022中，新建一个图形时，一般该图形处于选取状态，图形的周围会出现圈选框，圈选框是由8个控制手柄组成的。图形的中心有一个"×"形的中心标记。图形的选取状态如图2-137所示。

中心标记

控制手柄

图2-137

> **提示** 在CorelDRAW 2022中，如果要编辑一个图形，首先要选中这个图形。当选中多个图形时，多个图形共用一个圈选框。要取消图形的选取状态，只需要在绘图页面中的其他位置单击或按Esc键即可。

1. 用鼠标单击的方法选中图形

选择"选择"工具 ，在要选中的图形上单击，即可选中该图形。

选中多个图形时，按住Shift键，依次单击选中各个图形即可，同时选中多个图形的效果如图2-138所示。

图2-138

2. 用鼠标圈选的方法选中图形

选择"选择"工具 ![选择工具图标]，在绘图页面中要选中的图形外围按住鼠标左键拖曳，会出现一个蓝色的虚线圈选框，如图2-139所示。在圈选框完全圈选住图形后松开鼠标左键，被圈选的图形即处于选中状态，如图2-140所示。用圈选的方法可以选中一个或多个图形。

在圈选的同时按住Alt键，则蓝色的虚线圈选框接触到的图形都将被选中，如图2-141所示。

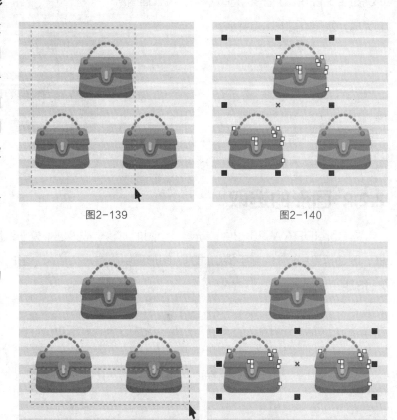

图2-139　　　　　　　　图2-140

图2-141

3. 使用命令或快捷键选中图形

选择"编辑 > 全选"子菜单下的各个命令，可以快速选中绘图页面中的某一类图形对象；按快捷键Ctrl+A，可以选中绘图页面中的全部图形。

> **技巧** 当绘图页面中有多个图形时，按空格键，快速选择"选择"工具 ![工具图标]，连续按Tab键，可以依次选择下一个图形。按住Shift键，再连续按Tab键，可以依次选择上一个图形。按住Ctrl键，用鼠标单击可以选中群组中的单个图形。

2.2.3 图形的缩放

1. 使用鼠标缩放图形

使用"选择"工具 ![工具图标]选中要缩放的图形，图形的周围出现控制手柄。

用鼠标拖曳控制手柄可以缩放图形。拖曳对角线上的控制手柄可以按比例缩放图形，如图2-142所示。拖曳非对角线上的控制手柄可以不按比例缩放图形，如图2-143所示。

图2-142　　　　　　　　　　　　　　图2-143

在拖曳对角线上的控制手柄时，按住Ctrl键，图形会以100%的比例缩放。按住Shift+Ctrl组合键，图形会以100%的比例从中心缩放。

2. 使用"自由变换"工具缩放图形

使用"选择"工具选中要缩放的图形，图形的周围出现控制手柄。选择"选择"工具拓展工具栏中的"自由变换"工具，此时属性栏中的"自由缩放"按钮处于激活状态，如图2-144所示。

图2-144

在"自由变换"工具属性栏中的"对象大小"框中，输入图形的宽度和高度。如果激活了"缩放因子"右侧的"锁定比率"按钮，则图形的宽度和高度将按比例缩放，只要改变宽度和高度中的一个值，另一个值就会自动按比例调整。

在"自由变换"工具属性栏中设置图形的宽度和高度后，按Enter键，完成图形的缩放，效果如图2-145所示。

图2-145

3. 使用"变换"泊坞窗缩放图形

使用"选择"工具选中要缩放的图形，如图2-146所示。选择"窗口 > 泊坞窗 > 变换"命令，或按快捷键Alt+F7，弹出"变换"泊坞窗，如图2-147所示。其中，在"距离"设置区中，W表示宽度，H表示高度。在"比例部分"设置区中，表示将图形的一部分调整为特定尺寸，表示交互式设置尺寸和图形原点。如果不勾选"按比例"复选框，将不按比例缩放图形。

图2-148所示的是"变换"泊坞窗中可供选择的8个控制手柄的位置，单击其中一个控制手柄可以定义一个在缩放图形时保持固定不动的点，缩放的图形将基于这个点进行缩放，这个点可以决定缩放后的图形与原图形的相对位置。

图2-146   图2-147   图2-148

设置好需要的数值，如图2-149所示，单击
"应用"按钮，即可完成图形的缩放，效果如图
2-150所示。利用"副本"选项可以复制生成多个
缩放好的图形。

图2-149   图2-150

2.2.4 图形的移动

1. 使用工具和键盘移动图形

使用"选择"工具 选中要移动的图形，如图2-151所示。使用"选择"工具 或其他的绘图工具，将鼠标指针移到图形的中心点，此时鼠标指针将变为十字箭头形状 ，如图2-152所示。按住鼠标左键不放，拖曳图形到需要的位置，松开鼠标左键，完成图形的移动，效果如图2-153所示。

图2-151   图2-152   图2-153

选中要移动的图形，用键盘上的方向键可以微调图形的位置，在使用系统默认值时，图形每次将以0.1英寸（1英寸≈2.54厘米）的距离移动。选择"选择"工具 后不选中任何图形，在属性栏的"微调距离" 框中可以设定每次微调图形移动的距离。

2. 使用属性栏移动图形

选中要移动的图形，在属性栏的"对象位置" X: 92.0 mm Y: 83.5 mm 框中输入图形要移动到的新位置的横坐标和纵坐标。

3. 使用"变换"泊坞窗移动图形

选中要移动的图形，在"变换"泊坞窗中单击"位置"按钮，切换到相应的界面，X表示图形所在位置的横坐标，Y表示图形所在位置的纵坐标。如果勾选"相对位置"复选框，图形将相对于原位置的中心进行移动。选项设置好后，单击"应用"按钮，或按Enter键，即可完成图形的移动。移动前后的位置如图2-154所示。

图2-154

设置好数值后，在"副本"文本框中输入数值1，可以在移动的新位置复制生成一个新的图形。

2.2.5　图形的镜像

镜像效果经常被应用于设计作品中。在CorelDRAW 2022中，可以使用多种方法使图形沿水平、垂直或对角线的方向做镜像翻转。

1. 使用鼠标镜像图形

选取要镜像的图形，如图2-155所示。按住鼠标左键向相对方向直接拖曳控制手柄到适当的位置，直到显示对象的蓝色虚线框，如图2-156所示。松开鼠标左键就可以得到镜像图形，如图2-157所示。

图2-155　　　　　　　　　图2-156　　　　　　　　　图2-157

按住Ctrl键，向相对方向直接拖曳左边或右边中间的控制手柄，可以得到保持原图形比例的水平镜像，如图2-158所示。按住Ctrl键，向相对方向直接拖曳上边或下边中间的控制手柄，可以得到保持原图形比例的垂直镜像，如图2-159所示。按住Ctrl键，向相对方向直接拖曳对角线上的控制手柄，可以得到保持原图形比例的沿对角线方向的镜像，如图2-160所示。

图2-158   图2-159   图2-160

> **提示** 在镜像翻转的过程中，只能使图形本身产生镜像。如果想产生图2-158、图2-159和图2-160所示的效果，就要在镜像的位置生成一个复制图形。在松开鼠标左键之前按下鼠标右键，就可以在镜像的位置生成一个复制图形。

2. 使用属性栏镜像图形

使用"选择"工具 选中要镜像的图形，如图2-161所示，属性栏如图2-162所示。

单击属性栏中的"水平镜像"按钮，可以使图形沿水平方向做镜像翻转。单击"垂直镜像"按钮，可以使图形沿垂直方向做镜像翻转。

图2-161   图2-162

3. 使用"变换"泊坞窗镜像图形

选中要镜像的图形，在"变换"泊坞窗中单击"缩放和镜像"按钮，切换到相应的界面，单击"水平镜像"按钮，可以使图形沿水平方向做镜像翻转。单击"垂直镜像"按钮，可以使图形沿垂直方向做镜像翻转。设置好需要的数值，单击"应用"按钮即可看到镜像效果。

还可以生成一个变形的镜像图形。在"变换"泊坞窗中进行图2-163所示的参数设置，设置好后，单击"应用"按钮，即可生成一个变形的镜像图形，效果如图2-164所示。

图2-163

图2-164

2.2.6　图形的旋转

1.　使用鼠标旋转图形

使用"选择"工具选中要旋转的图形，图形的周围出现控制手柄。再次单击图形，这时图形的周围出现旋转和倾斜控制手柄，如图2-165所示。

图2-165

将鼠标指针移动到旋转控制手柄上，这时的鼠标指针变为旋转图标↺，如图2-166所示。按住鼠标左键，拖曳鼠标旋转图形，旋转时图形会出现蓝色的虚线框指示旋转方向和角度，如图2-167所示。将图形旋转到需要的角度后，松开鼠标左键，完成图形的旋转，效果如图2-168所示。

图2-166　　　　　　　　　图2-167　　　　　　　　　图2-168

图形是围绕旋转中心旋转的，默认的旋转中心是图形的中心点，将鼠标指针移动到旋转中心上，按住鼠标左键拖曳旋转中心到需要的位置，松开鼠标左键，即可完成对旋转中心的移动。

2.　使用属性栏旋转图形

选中要旋转的图形，如图2-169所示。选择"选择"工具，在属性栏的"旋转角度" ↻ 0.0 框中输入旋转的角度数值为30.0，如图2-170所示，按Enter键，效果如图2-171所示。

图2-169 图2-170 图2-171

3. 使用"变换"泊坞窗旋转图形

选中要旋转的图形，如图2-172所示，在"变换"泊坞窗中单击"旋转"按钮 ⊙，切换到相应的界面，如图2-173所示。

图2-172 图2-173

在"变换"泊坞窗的"旋转"设置区的"角度"文本框中直接输入旋转角度数值，该数值可以是正值也可以是负值。在"中"选项的设置区中输入旋转中心的坐标。勾选"相对中心"复选框，图形将以选中的点为旋转中心进行旋转。如图2-174所示设置"变换"泊坞窗，设置完成后，单击"应用"按钮，图形旋转的效果如图2-175所示。

图2-174 图2-175

2.2.7 图形的倾斜变形

1. 使用鼠标倾斜变形图形

选中要倾斜变形的图形，图形的周围出现控制手柄。再次单击图形，这时图形的周围出现旋转 ↗ 和倾斜 ↔ 控制手柄，如图2-176所示。

将鼠标指针移动到倾斜控制手柄上，此时鼠标指针变为倾斜图标 ⇄，如图2-177所示。按住鼠标左键，拖曳鼠标倾斜变形图形，倾斜变形时会出现蓝色框指示倾斜变形的方向和角度，如图2-178所示。倾斜到需要的角度后，松开鼠标左键，图形倾斜变形的效果如图2-179所示。

图2-176   图2-177   图2-178   图2-179

2. 使用"变换"泊坞窗倾斜变形图形

选中要倾斜变形的图形，如图2-180所示。在"变换"泊坞窗中单击"倾斜"按钮，切换到相应的界面，如图2-181所示。

图2-180   图2-181

在"变换"泊坞窗中设定倾斜变形的相关参数，如图2-182所示，单击"应用"按钮，完成图形的倾斜变形，效果如图2-183所示。

图2-182   图2-183

2.2.8 图形的复制

1. 使用命令复制图形

选中要复制的图形，如图2-184所示。选择"编辑 > 复制"命令，或按快捷键Ctrl+C，图形的副本将被放置在剪贴板中。选择"编辑 > 粘贴"命令，或按快捷键Ctrl+V，图形的副本将被粘贴到原图形的下方，其位置和原图形是相同的。拖曳鼠标移动图形，可以显示复制的图形，如图2-185所示。

图2-184   图2-185

提示 选择"编辑 > 剪切"命令，或按快捷键Ctrl+X，图形将从绘图页面中删除并被放置在剪贴板中。

2. 使用鼠标拖曳方式复制图形

选中要复制的图形，如图2-186所示。将鼠标指针移动到图形的中心点上，此时鼠标指针变为移动图标✛，如图2-187所示。按住鼠标左键拖曳图形到需要的位置，如图2-188所示。在合适位置单击鼠标右键，即可完成图形的复制，效果如图2-189所示。

图2-186　　　　　　　图2-187　　　　　　　　　　图2-188　　　　　　　　图2-189

选中要复制的图形，按住鼠标右键并拖曳图形到需要的位置，松开鼠标右键后会弹出图2-190所示的快捷菜单，选择"复制"命令，即可完成图形的复制，效果如图2-191所示。

图2-190　　　　　　　图2-191

使用"选择"工具▶选中要复制的图形，在数字键盘上按+键，可以快速复制图形。

技巧 在两个不同的绘图页面中复制图形时，使用鼠标左键拖曳其中一个绘图页面中的图形到另一个绘图页面中，在松开鼠标左键前单击鼠标右键即可复制图形。

3. 使用命令复制图形属性

选中要复制属性的图形，如图2-192所示。选择"编辑 > 复制属性自"命令，弹出"复制属性"对话框，在对话框中勾选"填充"复选框，如图2-193所示；单击OK按钮，此时鼠标指针显示为黑色箭头，在要复制其属性的图形上单击，如图2-194所示；图形的属性复制完成，效果如图2-195所示。

图2-192　　　　　　　　　　图2-193　　　　　　　　图2-194　　　　　图2-195

2.2.9　图形的删除

在CorelDRAW 2022中，可以方便快捷地删除图形。下面介绍如何删除图形。

选中要删除的图形，选择"编辑 > 删除"命令，或按Delete键，即可删除选中的对象。

> **提示** 如果想删除多个或全部图形，首先要选中这些图形，再执行"删除"命令或按Delete键。

课堂练习——绘制南天竹花卉插画

练习知识要点 使用"导入"命令导入素材图片，使用"多边形"工具、"旋转角度"选项、"透明度"工具、"常见形状"工具、"椭圆形"工具绘制花盆，使用"2点线"工具、"椭圆形"工具、"水平翻转"按钮、"复杂星形"按钮绘制南天竹，效果如图2-196所示。

素材所在位置 学习资源\Ch02\素材\绘制南天竹花卉插画\01。

效果所在位置 学习资源\Ch02\效果\绘制南天竹花卉插画.cdr。

图2-196

课后习题——绘制卡通汽车

习题知识要点 使用"矩形"工具、"椭圆形"工具、"变换"泊坞窗、PowerClip命令和"水平镜像"按钮绘制卡通汽车，效果如图2-197所示。

效果所在位置 学习资源\Ch02\效果\绘制卡通汽车.cdr。

图2-197

第 3 章

绘制和编辑曲线

本章介绍

CorelDRAW 2022提供了多种绘制和编辑曲线的功能。绘制曲线是进行图形作品制作的基础，而使用修整功能可以制作出复杂多变的图形效果。通过学习本章内容，读者可以掌握绘制曲线、编辑曲线和修整图形的方法，为绘制出复杂、绚丽的作品打好基础。

学习目标

● 了解曲线的概念。

● 掌握绘制曲线的方法。

● 掌握编辑曲线的技巧。

● 熟练掌握修整功能里各种命令的使用方法。

技能目标

● 掌握"环境保护App引导页"的制作方法。

● 掌握"计算器图标"的绘制方法。

3.1 绘制曲线

使用CorelDRAW 2022绘制出的作品都是由几何对象构成的，而几何对象的构成元素是直线和曲线。通过学习绘制曲线，读者可以进一步掌握CorelDRAW 2022强大的绘图功能。

3.1.1 课堂案例——制作环境保护App引导页

案例学习目标 学习使用手绘图形工具制作环境保护App引导页。

案例知识要点 使用"艺术笔"工具、"旋转角度"选项绘制狐狸、树和树叶图形，使用"椭圆形"工具绘制阴影。环境保护App引导页效果如图3-1所示。

效果所在位置 学习资源\Ch03\效果\制作环境保护App引导页.cdr。

图3-1

01 按快捷键Ctrl+O，打开学习资源中的"Ch03\素材\制作环境保护App引导页\01"文件，如图3-2所示。

02 选择"艺术笔"工具，单击属性栏中的"喷涂"按钮，在"类别"选项的下拉列表中选择"其他"，如图3-3所示，在"喷射图样"选项的下拉列表中选择需要的图形，如图3-4所示，在页面外拖曳鼠标绘制图样，效果如图3-5所示。

图3-2

其它
- 艺术
- 笔刷笔触
- 书法
- 食物
- 脚印
- 其它
- 马赛克
- 音乐
- 对象
- 植物
- 滚动
- 感觉的
- 飞溅
- 星形
- 符号
- 底纹
- 自定义

图3-3

图3-4

图3-5

03 按快捷键Ctrl+K，拆分艺术笔群组，如图3-6所示。按快捷键Ctrl+U，取消图形群组。选择"选择"工具 ，用圈选的方法选取不需要的图形，如图3-7所示，按Delete键将其删除，效果如图3-8所示。

图3-6   图3-7   图3-8

04 选择"选择"工具 ，选中并拖曳狐狸图形到页面中适当的位置，调整其大小，效果如图3-9所示。单击属性栏中的"水平镜像"按钮 ，水平翻转图形，效果如图3-10所示。

05 选择"椭圆形"工具 ，在适当的位置绘制一个椭圆形，设置图形颜色的RGB值为226、220、169，填充图形，并去除图形的轮廓线，效果如图3-11所示。按快捷键Ctrl+PageDown，将图形向后移一层，效果如图3-12所示。

图3-9

  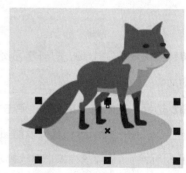

图3-10   图3-11   图3-12

06 选择"艺术笔"工具 ，在属性栏的"类别"选项的下拉列表中选择"植物"，在"喷射图样"选项的下拉列表中选择需要的图形，如图3-13所示，在页面外拖曳鼠标绘制图样，效果如图3-14所示。

图3-13   图3-14

07 按快捷键Ctrl+K，拆分艺术笔群组，如图3-15所示。按快捷键Ctrl+U，取消图形群组。选择"选择"工具▐，选取需要的图样，如图3-16所示。

08 选择"选择"工具▐，拖曳图样到页面中适当的位置，并调整其大小，效果如图3-17所示。用相同的方法拖曳其他图样到页面中适当的位置，并调整其大小，效果如图3-18所示。

图3-15

图3-16

图3-17

图3-18

09 选择"椭圆形"工具◯，在适当的位置分别绘制两个椭圆形，如图3-19所示，选择"选择"工具▐，将绘制的椭圆形同时选取，设置图形颜色的RGB值为226、220、169，填充图形，并去除图形的轮廓线，效果如图3-20所示。连续按快捷键Ctrl+PageDown，将图形向后移至适当的位置，效果如图3-21所示。

图3-19

图3-20

图3-21

10 选择"艺术笔"工具♭，在属性栏的"喷射图样"选项的下拉列表中选择需要的图形，如图3-22所示，在页面外拖曳鼠标绘制图样，效果如图3-23所示。

图3-22

图3-23

11 按快捷键Ctrl+K，拆分艺术笔群组，如图3-24所示。按快捷键Ctrl+U，取消图形群组。选择"选择"工具▣，选取需要的图样，如图3-25所示。

图3-24 图3-25

12 选择"选择"工具▣，拖曳图样到页面中适当的位置，并调整其大小，效果如图3-26所示。在属性栏的"旋转角度"⟳ 0.0 °框中设置数值为34；按Enter键，效果如图3-27所示。

图3-26 图3-27

13 用相同的方法拖曳其他图样到页面中适当的位置，并调整其大小，效果如图3-28所示。环境保护App引导页制作完成，效果如图3-29所示。

图3-28 图3-29

3.1.2 认识曲线

在CorelDRAW 2022中，曲线是矢量图形的组成部分。可以使用绘图工具绘制曲线，也可以将多边形、椭圆形及文本对象转换成曲线。下面对曲线的节点、线段、控制线和控制点等概念进行讲解。

节点：构成曲线的基本要素。可以通过确定节点位置，调整节点的控制点来绘制曲线和改变曲线的形状；可以通过在曲线上增加和删除节点使曲线的绘制更加准确；可以通过转换节点的性质，将直线和曲线的节点相互转换，使直线段转换为曲线段或使曲线段转换为直线段。

线段：指两个节点之间的部分。线段包括直线段和曲线段，如图3-30所示。直线段在转换成曲线段后，可以进行曲线特性的操作。

图3-30

控制线：在绘制曲线的过程中，节点的两端出现的蓝色虚线。选择"形状"工具，在已经绘制好的曲线的节点上单击，节点的两端会出现控制线。

> **提示**　直线段的节点没有控制线。直线段转换为曲线段后，节点的两端会出现控制线。

控制点：在绘制曲线的过程中，节点的两端会出现控制线，控制线的两端是控制点，如图3-31所示。移动控制点可以调整曲线的弯曲程度。

图3-31

3.1.3　贝塞尔工具

使用"贝塞尔"工具可以绘制出平滑、精确的曲线。可以通过改变节点和控制点的位置来控制曲线的弯曲程度。可以通过节点和控制点对绘制完的直线或曲线进行精确的调整。

1. 绘制直线和折线

选择"贝塞尔"工具，在绘图页面中单击确定直线的起点，拖曳鼠标到需要的位置，再次单击确定直线的终点，即可绘制出一段直线。只要确定下一个节点，就可以绘制出折线。如果想绘制出具有多个折角的折线，只需要继续确定节点即可，如图3-32所示。

双击折线上的节点，将删除这个节点，折线上该节点两侧的节点将自动连接，效果如图3-33所示。

图3-32   图3-33

2. 绘制曲线

选择"贝塞尔"工具，在绘图页面中按住鼠标左键并拖曳以确定曲线的起点，松开鼠标左键，这时该节点的两边出现控制线和控制点，如图3-34所示。

将鼠标指针移动到需要的位置按住鼠标左键，两个节点间出现一条曲线段，拖曳鼠标，第2个节点的两边出现控制线和控制点，控制线和控制点会随着鼠标指针的移动而发生变化，曲线的形状也会随之发生变化，将曲线调整到需要的效果后松开鼠标左键，如图3-35所示。

在下一个需要的位置单击后，将出现一条连续的平滑曲线，如图3-36所示。用"形状"工具，在第2个节点处单击，出现控制线和控制点，效果如图3-37所示。

图3-34   图3-35   图3-36   图3-37

提示 当确定一个节点后，在这个节点上双击，再单击确定下一个节点后得到直线。当确定一个节点后，在这个节点上双击，在要添加下一个节点的位置拖曳会得到曲线。

3.1.4 艺术笔工具

在CorelDRAW 2022中，使用"艺术笔"工具可以绘制出多种精美的线条和图形，可以模仿真实画笔的效果，在画面中绘制出丰富的图形。使用"艺术笔"工具可以绘制不同风格的设计作品。

选择"艺术笔"工具，属性栏如图3-38所示。属性栏中包含了5种模式，分别是"预设"模式、"笔刷"模式、"喷涂"模式、"书法"模式和"表达式"模式。下面具体介绍这5种模式。

图3-38

1. 预设模式

"预设"模式提供了多种线条类型。可以通过"预设"模式改变曲线的宽度。单击属性栏"预设笔触"右侧的下拉按钮■，弹出其下拉列表，如图3-39所示，可在下拉列表中选择需要的线条类型。

在"手绘平滑" ⌃100⊞ 中输入数值或拖曳滑块可以调节绘图时线条的平滑程度。在"笔触宽度" 10.0mm 中输入数值可以设置曲线的宽度。选择"预设"模式和线条类型后，鼠标指针变为 图标，在绘图页面中按住鼠标左键并拖曳，可以绘制出封闭的线条图形。

2. 笔刷模式

"笔刷"模式提供了多种样式的笔刷。运用这些笔刷，可以绘制出漂亮的效果。

在属性栏中单击"笔刷"模式按钮■，单击"笔刷笔触"右侧的下拉按钮■，弹出其下拉列表，如图3-40所示。在下拉列表中选择需要的笔刷类型，在页面中按住鼠标左键并拖曳，绘制出需要的图形。

图3-39

图3-40

3. 喷涂模式

"喷涂"模式提供了多种有趣的图形，这些图形可以应用在绘制的曲线上。可以在属性栏的"喷射图样"下拉列表中选择需要的图样来绘制图形。

在属性栏中单击"喷涂"模式按钮■，单击"喷射图样"右侧的下拉按钮■，弹出其下拉列表，如图3-41所示。在下拉列表中选择需要的喷射图样。单击属性栏中"喷涂顺序" 顺序 ▼右侧的下拉按

图3-41

钮，弹出下拉列表，如图3-42所示，可以在下拉列表中选择喷出图形的顺序。选择"随机"选项，喷出的图形将会随机分布。选择"顺序"选项，喷出的图形将会以方形区域分布。选择"按方向"选项，喷出的图形将会随鼠标指针移动的路径分布。选择喷涂顺序后，在页面中按住鼠标左键并拖曳，绘制出需要的图形。

图3-42

4. 书法模式

利用"书法"模式可以绘制出类似书法的效果，还可以改变曲线的宽度。

在属性栏中单击"书法"模式按钮 ，属性栏如图3-43所示。在属性栏的"书法角度" 选项中，可以设置书法笔触的角度。如果角度值设为0°，书法笔在垂直方向画出的线条最粗，笔尖是水平的。如果角度值设为90°，书法笔在水平方向画出的线条最粗，笔尖是垂直的。设置好相关参数后，在绘图页面中按住鼠标左键并拖曳，绘制出需要的图形。

图3-43

5. 表达式模式

在"表达式"模式下，可以用压力感应笔或键盘输入的方式改变线条的宽度。使用好这个功能可以绘制出特殊的图形效果。

单击"表达式"模式按钮 ，属性栏如图3-44所示。单击"笔压"按钮 ，可以通过笔触压力来改变笔尖大小。单击"笔倾斜"按钮 ，可以通过笔触倾斜来改变绘出线条的平滑度。单击"笔方位"按钮 ，可以通过笔触方位来改变笔尖旋转角度。设置好压力感应笔的笔触宽度、平滑度和方位角后，在绘图页面中按住鼠标左键并拖曳，绘制出需要的图形。

图3-44

3.1.5 钢笔工具

使用"钢笔"工具可以绘制出多种精美的曲线和图形，还可以对已绘制的曲线和图形进行编辑和修改。在CorelDRAW 2022中，很多复杂图形都可以通过钢笔工具来完成。

1. 绘制直线和折线

选择"钢笔"工具 ，在绘图页面中单击以确定直线的起点，移动鼠标指针到需要的位置，再单击以确定直线的终点，绘制出一段直线，效果如图3-45所示。接着继续单击确定下一个节点，就可以绘制出折线。如果想绘制出具有多个折角的折线，只需要继续单击确定节点就可以了，折线的效果如图3-46所示。要结束绘制，按Esc键即可。

2. 绘制曲线

选择"钢笔"工具 ，在绘图页面中单击以确定曲线的起点。将鼠标指针移动到需要的位置再按住鼠标左键不放，此时在两个节点间出现一条直线段，如图3-47所示。拖曳鼠标，第2个节点的两边出现控制线和控制点，控制线和控制点会随着鼠标的拖曳而发生变化，直线段变为曲线段，如图3-48所示。调整到需要的效果后松开鼠标左键，曲线的效果如图3-49所示。

图3-45　　　　　图3-46　　　　　图3-47　　　　　图3-48　　　　　图3-49

可以使用相同的方法继续绘制曲线，效果如图3-50和图3-51所示。绘制完成的曲线效果如图3-52所示。

如果想在绘制曲线后继续绘制直线，按住C键，在要继续绘制直线的节点上按住鼠标左键并拖曳，这时出现节点的控制点。松开C键，将控制点拖曳到下一个节点的位置，如图3-53所示。松开鼠标左键再单击，可以绘制出一段直线，效果如图3-54所示。

图3-50　　　　　图3-51　　　　　图3-52　　　　　图3-53　　　　　图3-54

3. 编辑曲线

单击"钢笔"工具属性栏中的"自动添加或删除节点"按钮，在曲线绘制的过程中会自动添加或删除节点。

将鼠标指针移动到节点上，此时鼠标指针变为删除节点图标，如图3-55所示。单击节点可以删除该节点，效果如图3-56所示。

将鼠标指针移动到曲线上，此时鼠标指针变为添加节点图标，如图3-57所示。单击曲线可以在单击位置添加一个节点，效果如图3-58所示。

图3-55   图3-56   图3-57   图3-58

将鼠标指针移动到曲线的起始点，此时鼠标指针变为闭合曲线图标，如图3-59所示。单击曲线起点可以闭合曲线，效果如图3-60所示。

图3-59   图3-60

技巧 在绘制曲线的过程中，按住Alt键，可以编辑曲线段，进行节点的转换、移动等操作；松开Alt键，可以继续进行曲线绘制。

3.2 编辑曲线

在CorelDRAW 2022中，完成曲线或图形的绘制后，可能还需要进一步调整曲线或图形以达到设计要求，这时就需要用到CorelDRAW 2022的编辑曲线功能。

3.2.1 编辑曲线的节点

节点是构成对象的基本要素。用"形状"工具，选中曲线或图形后，会显示曲线或图形的全部节点。移动节点或节点的控制点、控制线可以编辑曲线或图形的形状，还可以通过增加和删除节点来进一步编辑曲线或图形。

绘制一条曲线，如图3-61所示。选择"形状"工具，选中曲线上的节点，如图3-62所示。此时的属性栏如图3-63所示。

图3-61　　　　图3-62

图3-63

属性栏中有3种节点类型：尖突节点、平滑节点和对称节点。节点类型的不同决定了节点控制点的属性的不同，单击属性栏中的相应按钮可以转换节点的类型。

"尖突节点"按钮：尖突节点的控制点是独立的，当移动其中一个控制点时，另一个控制点并不会移动，从而使得通过尖突节点的曲线能够尖突弯曲。

"平滑节点"按钮：平滑节点的控制点是相关联的，当移动其中一个控制点时，另一个控制点也会随之移动，通过平滑节点连接的线段会产生平滑的过渡。

"对称节点"按钮：对称节点的控制点不仅是相关联的，而且控制线的长度是相等的，从而使得对称节点两边曲线的曲率也是相等的。

1. 选取并移动节点

绘制一个图形，如图3-64所示。选择"形状"工具，单击选中其中一个节点，如图3-65所示，按住鼠标左键并拖曳鼠标，该节点被移动，如图3-66所示。松开鼠标左键，图形调整的效果如图3-67所示。

图3-64　　　图3-65　　　图3-66　　　图3-67

使用"形状"工具，选中并拖曳其中一个节点上的控制点，如图3-68所示。松开鼠标左键，图形调整的效果如图3-69所示。

使用"形状"工具 ⬚，圈选图形上的部分节点，如图3-70所示。松开鼠标左键，图形中被选中的部分节点如图3-71所示。拖曳任意一个被选中的节点，其他被选中的节点也会随之移动。

图3-68　　　　　　　图3-69　　　　　　　图3-70　　　　　　　图3-71

提示 因为CorelDRAW 2022中有3种节点类型，所以当移动不同类型节点上的控制点时，图形的形状会有不同形式的变化。

2. 增加或删除节点

绘制一个图形，如图3-72所示。使用"形状"工具 ⬚，选中需要增加节点的曲线，将鼠标指针移至曲线上要增加节点的位置，如图3-73所示，双击鼠标左键可以在这个位置增加一个节点，效果如图3-74所示。

单击属性栏中的"添加节点"按钮 ⬚，也可以在曲线上增加节点。

图3-72　　　　　　　图3-73　　　　　　　图3-74

将鼠标指针移至要删除的节点上，如图3-75所示，双击鼠标左键可以删除这个节点，效果如图3-76所示。

选中要删除的节点，单击属性栏中的"删除节点"按钮 ⬚，也可以在曲线上删除选中的节点。

图3-75　　　　　　　图3-76

技巧 如果需要在曲线或图形中删除多个节点，只需在按住Shift键的同时，选中要删除的多个节点，然后按Delete键就可以了。也可以使用圈选的方法选中需要删除的多个节点，然后按Delete键。

3. 合并和连接节点

绘制一个图形，如图3-77所示。使用"形状"工具 🔧，按住Ctrl键，选取两个需要合并的节点，如图3-78所示；单击属性栏中的"连接两个节点"按钮 🔧，将两个节点合并，使曲线成为闭合的曲线，如图3-79所示。

图3-77　　　　　　图3-78　　　　　　图3-79

使用"形状"工具 🔧圈选两个需要连接的节点，单击属性栏中的"闭合曲线"按钮 🔧，可以将两个节点以直线连接，使曲线成为闭合的曲线。

4. 断开节点

在曲线中要断开的节点上单击，选中该节点，如图3-80所示。单击属性栏中的"断开曲线"按钮 🔧，即可断开该节点，效果如图3-81所示。使用"形状"工具 🔧选中并移动节点，效果如图3-82所示。

图3-80　　　　　　图3-81　　　　　　图3-82

3.2.2 编辑曲线的轮廓和端点

在属性栏中，可以设置曲线轮廓和端点的样式，这些功能可以帮助用户制作出非常实用的效果。

绘制一条曲线，再用"选择"工具 🔧选中这条曲线，如图3-83所示。这时的属性栏如图3-84所示。在属性栏中单击"轮廓宽度" 🔧 0.2 mm ▾ 右侧的下拉按钮 ▾，弹出"轮廓宽度"下拉列表，如图3-85所示。在下拉列表中选择需要的选项，调整曲线的宽度，效果如图3-86所示，也可以在"轮廓宽度"框中输入数值后，按Enter键，设置曲线宽度。

图3-83　　　　　　　　图3-84　　　　　　　　图3-85　　　　　　图3-86

属性栏中有"线条样式" ▭▭▭⏷ 、"起始箭头" ▭◁⏷ 和"终止箭头" ▭▷⏷ 3个下拉列表。单击"起始箭头" ▭◁⏷ 的下拉按钮，弹出"起始箭头"下拉列表，如图3-87所示。在下拉列表中选择需要的箭头样式，在曲线的起点会出现选择的箭头样式，效果如图3-88所示。单击"线条样式" ▭▭▭⏷ 的下拉按钮，弹出"线条样式"下拉列表，如图3-89所示。在下拉列表中选择需要的线条样式，曲线的样式被改变，效果如图3-90所示。单击"终止箭头" ▭▷⏷ 的下拉按钮，弹出"终止箭头"下拉列表，如图3-91所示。在下拉列表中选择需要的箭头样式，在曲线的终点会出现选择的箭头样式，如图3-92所示。

| 图3-87 | 图3-88 | 图3-89 | 图3-90 | 图3-91 | 图3-92 |

3.2.3 编辑和修改几何图形

使用"矩形""椭圆形""多边形"工具绘制的图形是简单的几何图形。这类图形的节点比较少，只能对其进行简单的编辑。如果想对其进行更复杂的编辑，就需要将简单的几何图形转换为曲线。

1. 使用"转换为曲线"按钮 ⟳

使用"椭圆形"工具 ⬭ 绘制一个椭圆形，效果如图3-93所示；在属性栏中单击"转换为曲线"按钮 ⟳ ，将椭圆形转换为曲线，曲线上出现了多个节点，如图3-94所示；使用"形状"工具 ⬚ 拖曳曲线上的节点，如图3-95所示。松开鼠标左键，调整后的图形效果如图3-96所示。

| 图3-93 | 图3-94 | 图3-95 | 图3-96 |

2. 使用"转换为曲线"按钮 ⟲

使用"多边形"工具 ⬠ 绘制一个多边形，如图3-97所示；选择"形状"工具 ⬚ ，单击需要选中的节点，如图3-98所示；单击属性栏中的"转换为曲线"按钮 ⟲ ，将多边形中的线段转换为曲线，曲线上出现节点，图形的对称性被保留，如图3-99所示；使用"形状"工具 ⬚ 拖曳节点调整图形，如图3-100所示。松开鼠标左键，调整后的图形效果如图3-101所示。

图3-97　　　　　图3-98　　　　　图3-00　　　　　图3-100　　　　　图3-101

3. 裁切图形

"刻刀"工具可以对单一的图形进行裁切，使一个图形被裁切成两个部分。

选择"刻刀"工具，将鼠标指针移至图形上要裁切的起点位置，鼠标指针变为图标后单击，如图3-102所示。移动鼠标指针会出现一条裁切线，将鼠标指针移至要裁切的终点位置后单击，如图3-103所示。图形裁切完成的效果如图3-104所示。使用"选择"工具拖曳裁切后的图形，图形被分成了两部分，如图3-105所示。

图3-102　　　　　图3-103　　　　　图3-104　　　　　图3-105

单击"剪切时自动闭合"按钮，图形被裁切后生成的两部分将自动闭合，并保留其填充属性。若不单击此按钮，图形被裁切后，裁切的两部分不会自动闭合，同时图形会失去其填充属性。

> **技巧**　按住Shift键，使用"刻刀"工具将以贝塞尔曲线的方式裁切图形。已经经过渐变、群组及特殊效果处理的图形和位图不能使用"刻刀"工具来裁切。

4. 擦除图形

使用"橡皮擦"工具可以擦除部分或全部图形，并可以将擦除后图形的剩余部分自动闭合。"橡皮擦"工具只能对单一的图形进行擦除。

选中一个图形，如图3-106所示。选择"橡皮擦"工具，鼠标指针变为擦除工具图标，按住鼠标左键并拖曳可以擦除图形，如图3-107所示；松开鼠标左键，擦除后的图形效果如图3-108所示。

图3-106　　　　　图3-107　　　　　图3-108

"橡皮擦"工具属性栏如图3-109所示。"橡皮擦厚度" ⊖ 15.0 mm ⊕ 可以设置擦除的宽度。单击"减少节点"按钮 ⬛️，可以在擦除图形时自动平滑边缘；单击橡皮擦形状按钮 ⭕ 或 ⬜️ 可以转换橡皮擦的形状为圆形笔尖或方形笔尖。

图3-109

5. 修饰图形

"沾染"工具 🖌️ 和"粗糙"工具 🖌️ 可以修饰已绘制的矢量图形。

绘制一个图形，如图3-110所示。选择"沾染"工具 🖌️，其属性栏如图3-111所示。在图形上拖曳鼠标，制作出沾染效果，如图3-112所示。

图3-110　　　　　　图3-111　　　　　　图3-112

绘制一个图形，如图3-113所示。选择"粗糙"工具 🖌️，其属性栏如图3-114所示。在图形边缘拖曳鼠标，制作出粗糙效果，如图3-115所示。

图3-113　　　　　　图3-114　　　　　　图3-115

提示　　"沾染"工具 🖌️ 和"粗糙"工具 🖌️ 可以应用的矢量对象有开放和闭合的路径，以及具有纯色和交互式渐变填充、交互式透明、交互式阴影效果的对象。不可以应用的矢量对象有交互式调和、立体化的对象和位图。

3.3　对象的造型

在CorelDRAW 2022中，形状功能是编辑对象的重要手段。使用形状功能中的"焊接""修剪""相交""简化"等命令可以创建出复杂的对象。

3.3.1 课堂案例——绘制计算器图标

案例学习目标 学习使用图形绘制工具绘制计算器图标。

案例知识要点 使用"矩形"工具、"圆角半径"选项、"移除前面对象"按钮、"水平/垂直镜像"按钮、"文本"工具和"透明度"工具绘制计算器机身、显示屏和按钮,使用"阴影"工具为按钮添加投影效果。计算器图标效果如图3-116所示。

效果所在位置 学习资源\Ch03\效果\绘制计算器图标.cdr。

图3-116

1. 绘制计算器机身和显示屏

01 按快捷键Ctrl+N,弹出"创建新文档"对话框,设置文档的宽度为1024 px、高度为1024 px、方向为"纵向"、原色模式为RGB、分辨率为72 dpi,单击OK按钮,新建一个文档。

02 双击"矩形"工具,绘制一个与页面大小相等的矩形,如图3-117所示。设置图形颜色的RGB值为95、42、119,填充图形,并去除图形的轮廓线,效果如图3-118所示。

图3-117　　　　　　图3-118

03 使用"矩形"工具,再绘制一个矩形,如图3-119所示。在属性栏中将"圆角半径"选项均设为50 px,如图3-120所示;按Enter键,效果如图3-121所示。

图3-119

图3-120

图3-121

04 按F12键,弹出"轮廓笔"对话框,在"颜色"选项中设置轮廓线颜色的RGB值为81、28、99,其他选项的设置如图3-122所示;单击OK按钮,效果如图3-123所示。

图3-122　　　　　　　　　　　图3-123

05 设置图形颜色的RGB值为240、82、29，填充图形，效果如图3-124所示。选择"阴影"工具▣，在属性栏中单击"预设"选项，在弹出的列表中选择"平面左下"，在各项预设参数的基础上进行修改，具体设置如图3-125所示；按Enter键，效果如图3-126所示。

图3-124　　　　　　　　图3-125　　　　　　　　图3-126

06 选择"选择"工具▣，选择圆角矩形，按数字键盘上的+键，复制圆角矩形。按住Shift键的同时，垂直向上拖曳复制的圆角矩形到适当的位置，效果如图3-127所示。设置图形颜色的RGB值为251、161、46，填充图形，效果如图3-128所示。

图3-127　　　　　　　图3-128

07 按数字键盘上的+键，复制圆角矩形。垂直向下微调复制的圆角矩形到适当的位置，效果如图3-129所示。设置图形颜色的RGB值为252、114、68，填充图形，并去除图形的轮廓线，效果如图3-130所示。按快捷键Ctrl+PageDown，将图形向后移一层，效果如图3-131所示。

图3-129　　　　　　　图3-130　　　　　　　图3-131

08 选择"选择"工具 ，选择最上方的圆角矩
形，按数字键盘上的+键，复制圆角矩形，如图
3-132所示。设置图形颜色的RGB值为251、
148、53，填充图形，并去除图形的轮廓线，效果
如图3-133所示。

图3-132　　　　　　　　图3-133

09 按数字键盘上的+键，复制圆角矩形。水平向右微调复制的圆角矩形到适当的位置，填充图形为白
色，效果如图3-134所示。按住Shift键的同时，单击左侧原图形将其同时选取，如图3-135所示，单击
属性栏中的"移除前面对象"按钮 ，将两个图形剪切为一个图形，效果如图3-136所示。

图3-134　　　　　　　图3-135　　　　　　　图3-136

10 按数字键盘上的+键，复制图形。单击属性栏中的"水平镜像"按钮 ，水平翻转图形，效果如图
3-137所示。选择"选择"工具 ，按住Shift键的同时，水平向右拖曳翻转的图形到适当的位置，效果
如图3-138所示。设置图形颜色的RGB值为255、180、48，填充图形，效果如图3-139所示。

图3-137　　　　　　　图3-138　　　　　　　图3-139

11 选择"矩形"工具 ，在适当的位置绘制一
个矩形，如图3-140所示。在属性栏中将"圆角
半径"选项均设为10 px；按Enter键，效果如图
3-141所示。

图3-140　　　　　　　图3-141

12 按F12键，弹出"轮廓笔"对话框，在"颜色"选项中设置轮廓线颜色的RGB值为81、28、99，其他选项的设置如图3-142所示；单击OK按钮，效果如图3-143所示。设置图形颜色的RGB值为165、243、255，填充图形，效果如图3-144所示。

图3-142　　　　　　　　　　图3-143　　　　　　　　　　图3-144

13 选择"文本"工具字，在适当的位置输入需要的文字，选择"选择"工具，在属性栏中选取适当的字体并设置文字大小，效果如图3-145所示。设置文字颜色的RGB值为143、203、224，填充文字，效果如图3-146所示。选择"形状"工具，向右拖曳文字下方的╫图标，调整文字的间距，效果如图3-147所示。

图3-145　　　　　　　　　　图3-146　　　　　　　　　　图3-147

14 选择"选择"工具，按快捷键Ctrl+Q，将文字转换为曲线，如图3-148所示。按快捷键Ctrl+K，拆分曲线。按住Shift键的同时，依次单击最后2个数字"8"中需要的笔画将其同时选取，如图3-149所示。设置文字颜色的RGB值为81、28、99，填充文字，效果如图3-150所示。

图3-148　　　　　　　　　　图3-149　　　　　　　　　　图3-150

15 选取下方圆角矩形，按快捷键Ctrl+C，复制图形，按快捷键Ctrl+V，将复制的图形原位粘贴，效果如图3-151所示。填充图形为白色，并去除图形的轮廓线，效果如图3-152所示。向上拖曳圆角矩形下边中间的控制手柄到适当的位置，调整其大小，效果如图3-153所示。

图3-151　　　　　　　　　　图3-152　　　　　　　　　　图3-153

16 保持图形选取状态。在属性栏中将白色矩形上方两个边角和下方两个边角的"圆角半径"选项分别设为10 px和0 px，如图3-154所示；按Enter键，效果如图3-155所示。

图3-154　　　　　　　　　　图3-155

17 选择"透明度"工具，在属性栏中单击"均匀透明度"按钮，其他选项的设置如图3-156所示；按Enter键，效果如图3-157所示。

图3-156　　　　　　　　　　图3-157

2. 绘制计算器按钮

01 选择"矩形"工具，在适当的位置绘制一个矩形，如图3-158所示。在属性栏中将"圆角半径"选项均设为10 px；按Enter键，效果如图3-159所示。

图3-158　　　　　　　　　　图3-159

02 按F12键，弹出"轮廓笔"对话框，在"颜色"选项中设置轮廓线颜色的RGB值为81、28、99，其他选项的设置如图3-160所示；单击OK按钮，效果如图3-161所示。设置图形颜色的RGB值为141、45、237，填充图形，效果如图3-162所示。

图3-160　　　　　　　　　　图3-161　　　　　　　　　　图3-162

065

03 选择"阴影"工具 ，在属性栏中单击"预设"选项，在弹出的列表中选择"平面左下"，在各项预设参数的基础上进行修改，具体设置如图3-163所示；按Enter键，效果如图3-164所示。

图3-163　　　　　　　　　　　图3-164

04 选择"选择"工具 ，选择圆角矩形，按数字键盘上的+键，复制圆角矩形，如图3-165所示。设置图形颜色的RGB值为122、24、219，填充图形，并去除图形的轮廓线，效果如图3-166所示。

05 按数字键盘上的+键，复制圆角矩形。水平向右微调复制的圆角矩形到适当的位置，填充图形为白色，效果如图3-167所示。按住Shift键的同时，单击左侧原图形将其同时选取，如图3-168所示，单击属性栏中的"移除前面对象"按钮，将两个图形剪切为一个图形，效果如图3-169所示。

图3-165　　　图3-166　　　图3-167　　　图3-168　　　图3-169

06 按数字键盘上的+键，复制剪切后的图形。在属性栏中分别单击"水平镜像"按钮和"垂直镜像"按钮，翻转图形，效果如图3-170所示。填充图形为白色，效果如图3-171所示。

07 选择"形状"工具，编辑状态如图3-172所示，在适当的位置分别双击鼠标左键，添加4个节点，如图3-173所示。

图3-170　　　图3-171　　　图3-172　　　图3-173

08 按住Shift键的同时，用圈选的方法将不需要的节点同时选取，如图3-174所示。按Delete键，删除选中的节点，如图3-175所示。按住Ctrl键的同时，依次单击选中刚刚添加的4个节点，如图3-176所示。在属性栏中单击"转换为线条"按钮，将曲线段转换为直线，如图3-177所示。选择"选择"工具，拖曳图形到适当的位置，效果如图3-178所示。

图3-174　　　图3-175　　　图3-176　　　图3-177　　　图3-178

09 选择"文本"工具￼，在适当的位置输入需要的文字，选择"选择"工具￼，在属性栏中选取适当的字体并设置文字大小，效果如图3-179所示。设置文字颜色的RGB值为81、28、99，填充文字，效果如图3-180所示。用相同的方法分别制作"＋－×÷"按钮，效果如图3-181所示。

图3-179　　　图3-180　　　图3-181

10 计算器图标绘制完成，效果如图3-182所示。将图标应用在手机中，会自动应用圆角遮罩图标，呈现出圆角效果，如图3-183所示。

图3-182　　　　　　图3-183

3.3.2　焊接

　　焊接是将几个对象结合成一个对象，新的对象轮廓由被焊接的对象边界组成，被焊接对象的交叉线都会消失。

　　使用"选择"工具￼选中要焊接的对象，如图3-184所示。选择"窗口 > 泊坞窗 > 形状"命令，弹出"形状"泊坞窗，在"形状"泊坞窗中选择"焊接"选项，如图3-185所示。单击"焊接到"按钮，将鼠标指针移至目标对象上，如图3-186所示，单击鼠标左键，完成对象的焊接，效果如图3-187所示。

图3-184　　　　　　图3-185　　　　　　图3-186　　　　　　图3-187

　　在进行焊接操作之前，可以在"形状"泊坞窗中设置"保留原始源对象"和"保留原目标对象"。勾选"保留原始源对象"和"保留原目标对象"复选框，如图3-188所示。在焊接对象时，原始源对象和原目标对象都被保留，效果如图3-189所示。保留原始源对象和原目标对象对"修剪"和"相交"功能也适用。

图3-188

图3-189

选择要焊接的对象后，选择"对象 > 造型 > 合并"命令，或单击属性栏中的"焊接"按钮，也可以完成对象的焊接。

3.3.3 修剪

修剪是将原目标对象与原始源对象的相交部分裁掉，使原目标对象的形状被更改。修剪后的原目标对象保留其填充和轮廓属性。

使用"选择"工具选中原始源对象，如图3-190所示。在"形状"泊坞窗中选择"修剪"选项，如图3-191所示。单击"修剪"按钮，将鼠标指针移至原目标对象上，如图3-192所示，单击鼠标左键，完成对象的修剪，效果如图3-193所示。

图3-190　　　　　　图3-191　　　　　　图3-192　　　　　　图3-193

选择"对象 > 造型 > 修剪"命令，或单击属性栏中的"修剪"按钮，也可以完成修剪。原始源对象和被修剪的原目标对象会同时存在于绘图页面中。

提示 圈选多个对象时，底层的对象是原目标对象。按住Shift键，选择多个对象时，最后选中的对象是原目标对象。

3.3.4 相交

相交是将两个或两个以上对象的相交部分保留，使相交的部分成为一个新的对象。新对象的填充和轮廓属性与原目标对象相同。

使用"选择"工具选中原始源对象，如图3-194所示。在"形状"泊坞窗中选择"相交"选项，如图3-195所示。单击"相交对象"按钮，将鼠标指针移至原目标对象上，如图3-196所示，单击鼠标左键，完成对象的相交，效果如图3-197所示。

| 图3-194 | 图3-195 | 图3-196 | 图3-197 |

选择"对象 > 造型 > 相交"命令，或单击属性栏中的"相交"按钮，也可以完成相交。原始源对象、原目标对象，以及相交后的新对象同时存在于绘图页面中。

3.3.5 简化

简化是减去后面图形和前面图形的重叠部分，并保留前面图形和后面图形状态的操作。

使用"选择"工具选中两个相交的对象，如图3-198所示。在"形状"泊坞窗中选择"简化"选项，如图3-199所示。单击"应用"按钮，完成对象的简化，效果如图3-200所示。

| 图3-198 | 图3-199 | 图3-200 |

选择"对象 > 造型 > 简化"命令，或单击属性栏中的"简化"按钮，也可以完成对象的简化。

3.3.6 移除后面对象

移除后面对象会减去后面对象以及前后对象的重叠部分，并保留前面对象的剩余部分。

使用"选择"工具选中两个相交的对象，如图3-201所示。在"形状"泊坞窗中选择"移除后面对象"选项，如图3-202所示。单击"应用"按钮，移除后面对象，效果如图3-203所示。

| 图3-201 | 图3-202 | 图3-203 |

选择"对象 > 造型 > 移除后面对象"命令，或单击属性栏中的"移除后面对象"按钮，也可以完成对象的操作。

3.3.7 移除前面对象

移除前面对象会减去前面对象以及前后对象的重叠部分，并保留后面对象的剩余部分。

使用"选择"工具选中两个相交的对象，如图3-204所示。在"形状"泊坞窗中选择"移除前面对象"选项，如图3-205所示。单击"应用"按钮，移除前面对象，效果如图3-206所示。

图3-204　　　　　　　　图3-205　　　　　　　　图3-206

选择"对象 > 造型 > 移除前面对象"命令，或单击属性栏中的"移除前面对象"按钮，也可以完成对象的操作。

3.3.8 边界

边界用于创建一个围绕着所选对象的新对象。

使用"选择"工具选中要创建边界的对象，如图3-207所示。在"形状"泊坞窗中选择"边界"选项，如图3-208所示。单击"应用"按钮，得到的边界效果如图3-209所示。

图3-207　　　　　　　　图3-208　　　　　　　　图3-209

选择"对象 > 造型 > 边界"命令，或单击属性栏中的"创建边界"按钮，也可以完成图形的共同边界的创建。

课堂练习——绘制卡通猫咪

练习知识要点 使用"椭圆形"工具、"矩形"工具、"3点矩形"工具、"移除前面对象"按钮、"焊接"按钮和"贝塞尔"工具绘制猫咪头部和身体,使用"3点椭圆形"工具、"移除前面对象"按钮、"折线"工具和"形状"工具绘制猫咪五官、腿和尾巴,效果如图3-210所示。

效果所在位置 学习资源\Ch03\效果\绘制卡通猫咪.cdr。

图3-210

课后习题——绘制卡通长颈鹿

习题知识要点 使用"贝塞尔"工具、"椭圆形"工具、"3点椭圆形"工具、"转换为曲线"命令、"形状"工具、"圆角半径"选项和"焊接"按钮绘制长颈鹿,效果如图3-211所示。

效果所在位置 学习资源\Ch03\效果\绘制卡通长颈鹿.cdr。

图3-211

第 4 章

编辑轮廓线与填充颜色

本章介绍

在CorelDRAW 2022中，绘制图形时需要先绘制出该图形的
轮廓线，并按需求对轮廓线进行编辑。编辑完成后，就可以
使用色彩进行渲染。在优秀的设计作品中，色彩的运用非常
重要。通过学习本章内容，读者可以制作出不同效果的图形
轮廓线，了解并掌握颜色的各种填充方式和填充技巧。

学习目标

● 熟练掌握"轮廓笔"工具和均匀填充的使用方法。

● 掌握渐变填充和图样填充的操作方法。

● 了解其他填充的操作技巧。

技能目标

● 掌握"送餐车图标"的绘制方法。

● 掌握"卡通小狐狸"的绘制方法。

● 掌握"水果图标"的绘制方法。

4.1　编辑轮廓线和均匀填充

　　CorelDRAW 2022提供了丰富的轮廓线编辑和填充功能，使用这些功能可以制作出精美的轮廓线和填充效果。下面具体介绍编辑轮廓线和均匀填充的方法和技巧。

4.1.1　课堂案例——绘制送餐车图标

案例学习目标 学习使用图形绘制工具、"轮廓笔"工具、"编辑样式"按钮和"均匀填充"按钮绘制送餐车图标。

案例知识要点 使用图形绘制工具、"焊接"按钮、"形状"工具、"移除前面对象"按钮和"轮廓笔"工具绘制车身和车轮，使用"手绘"工具、"编辑样式"按钮、"矩形"工具绘制车头和大灯。送餐车图标效果如图4-1所示。

效果所在位置 学习资源\Ch04\效果\绘制送餐车图标.cdr。

图4-1

01 按快捷键Ctrl+N，弹出"创建新文档"对话框，设置文档的宽度为1024 px、高度为1024 px、方向为"纵向"、原色模式为RGB、分辨率为72 dpi，单击OK按钮，新建一个文档。

02 选择"矩形"工具▭，在页面中分别绘制2个矩形，如图4-2所示。选择"选择"工具▶，用圈选的方法将所绘制的矩形同时选取，单击属性栏中的"焊接"按钮▣，合并图形，如图4-3所示。

图4-2　　　　　　　　　　　　　　　　　　　　　　　图4-3

03 选择"形状"工具▶，选中并向左拖曳左下角的节点到适当的位置，效果如图4-4所示。选择"选择"工具▶，设置图形颜色的RGB值为230、34、41，填充图形，效果如图4-5所示。

图4-4   图4-5

04 按F12键，弹出"轮廓笔"对话框，在"颜色"选项中设置轮廓线颜色为黑色，其他选项的设置如图4-6所示；单击OK按钮，效果如图4-7所示。

图4-6   图4-7

05 选择"椭圆形"工具○，按住Ctrl键的同时，在适当的位置绘制一个圆形，如图4-8所示。选择"属性滴管"工具 ，将鼠标指针放置在下方红色图形上，鼠标指针变为 图标，如图4-9所示。在红色图形上单击吸取属性，鼠标指针变为◇图标，在刚绘制的圆形上单击，填充图形，效果如图4-10所示。

图4-8   图4-9   图4-10

06 选择"选择"工具 ，在"RGB调色板"中的"70%黑"色块上单击，填充图形，效果如图4-11所示。按快捷键Ctrl+PageDown，将图形向后移一层，效果如图4-12所示。

07 按数字键盘上的+键，复制圆形。按住Shift键的同时，水平向右拖曳复制的圆形到适当的位置，效果如图4-13所示。

图4-11   图4-12   图4-13

08 分别选择"椭圆形"工具○和"矩形"工具□，在适当的位置分别绘制一个椭圆形和矩形，如图4-14所示。选择"选择"工具▶，按住Shift键的同时，单击矩形和椭圆形将其同时选取，如图4-15所示，单击属性栏中的"移除前面对象"按钮□，将两个图形剪切为一个图形，效果如图4-16所示。（为了方便读者观看，这里以黄色显示。）

图4-14　　　　　　　　　图4-15　　　　　　　　　图4-16

09 选择"属性滴管"工具✐，将鼠标指针放置在下方红色图形上，鼠标指针变为✐图标，如图4-17所示。在红色图形上单击吸取属性，鼠标指针变为◆图标，在需要的图形上单击，填充图形，效果如图4-18所示。

图4-17　　　　　　图4-18

10 选择"选择"工具▶，按快捷键Alt+F9，弹出"变换"泊坞窗，选项的设置如图4-19所示，再单击"应用"按钮，效果如图4-20所示。按住Shift键的同时，水平向右拖曳复制的图形到适当的位置，效果如图4-21所示。

图4-19　　　　　　　图4-20　　　　　　　　图4-21

11 选择"手绘"工具✐，按住Ctrl键的同时，在适当的位置绘制一条直线，并在属性栏的"轮廓宽度"◊ 1.0 px 框中设置数值为30 px；按Enter键，效果如图4-22所示。

12 选择"选择"工具▶，按数字键盘上的+键，复制直线。按住Shift键的同时，垂直向下拖曳复制的直线到适当的位置，效果如图4-23所示。不松开Shift键，向右拖曳直线末端中间的控制手柄到适当的位置，调整直线长度，效果如图4-24所示。

图4-22 图4-23 图4-24

13 选取需要的直线，如图4-25所示，按数字键盘上的+键，复制直线。向右拖曳复制的直线到适当的位置，效果如图4-26所示。

图4-25 图4-26

14 选择"矩形"工具□，在适当的位置绘制一个矩形，如图4-27所示。单击属性栏中的"转换为曲线"按钮🇬，将图形转换为曲线，如图4-28所示。选择"形状"工具🇰，选中并向左拖曳右上角的节点到适当的位置，效果如图4-29所示。

图4-27 图4-28 图4-29

15 选择"选择"工具🇰，设置图形颜色的RGB值为230、34、41，填充图形，并去除图形的轮廓线，效果如图4-30所示。按快捷键Shift+PageDown，将图形移至图层后面，效果如图4-31所示。

16 选择"手绘"工具🇰，在适当的位置绘制一条斜线，如图4-32所示。在属性栏的"轮廓宽度" 🇰 1.0 px ▼ 框中设置数值为30 px，按Enter键，效果如图4-33所示。使用"手绘"工具🇰，按住Ctrl键的同时，在适当的位置再绘制一条竖线，如图4-34所示。

图4-30 图4-31 图4-32 图4-33 图4-34

17 按F12键，弹出"轮廓笔"对话框，单击"风格"选项右侧的"设置"按钮┅，弹出"编辑线条样式"对话框，选项的设置如图4-35所示，单击"添加"按钮；返回到"轮廓笔"对话框，其他选项的设置如图4-36所示；单击OK按钮，效果如图4-37所示。

图4-35　　　　　　　　　　　　　图4-36　　　　　　　　　　　　图4-37

18 选择"矩形"工具▢，在适当的位置绘制一个矩形，如图4-38所示。选择"属性滴管"工具✐，将鼠标指针放置在下方红色图形上，鼠标指针变为✐图标，如图4-39所示。在红色图形上单击吸取属性，鼠标指针变为◆图标，在需要的图形上单击，填充图形，效果如图4-40所示。

图4-38　　　　　　图4-39　　　　　　图4-40

19 选择"选择"工具➤，按数字键盘上的+键，复制矩形。按住Shift键的同时，水平向右拖曳复制的矩形到适当的位置，效果如图4-41所示。向左拖曳矩形右侧中间的控制手柄到适当的位置，调整其大小，效果如图4-42所示。填充图形为白色，效果如图4-43所示。

图4-41　　　　　　图4-42　　　　　　图4-43

20 选取左侧红色矩形，在属性栏中将矩形左侧两个边角和右侧两个边角的"圆角半径"选项分别设为50 px和0 px，如图4-44所示；按Enter键，效果如图4-45所示。

图4-44　　　　　　　　　　　　图4-45

21 选择"手绘"工具▦，按住Ctrl键的同时，在适当的位置绘制一条直线，如图4-46所示。按F12键，弹出"轮廓笔"对话框，在"线条端头"选项中单击"圆形端头"按钮▭，其他选项的设置如图4-47所示；单击OK按钮，效果如图4-48所示。

图4-46 图4-47 图4-48

22 用相同的方法分别绘制坐垫和餐箱，效果如图4-49所示。送餐车图标绘制完成，效果如图4-50所示。将图标应用在手机中，会自动应用圆角遮罩图标，呈现出圆角效果，如图4-51所示。

图4-49 图4-50 图4-51

4.1.2 使用轮廓工具

选择"轮廓笔"工具，展开"轮廓笔"工具的拓展工具栏，如图4-52所示。

使用拓展工具栏中的"轮廓笔"工具，可以编辑图形的轮廓线；使用"轮廓颜色"工具，可以编辑图形的轮廓线颜色；中间的11个选项用于设置图形的轮廓线宽度，分别是"无轮廓""细线轮廓""0.1mm""0.2mm""0.25mm""0.5mm""0.75mm""1mm""1.5mm""2mm""2.5mm"；使用"颜色"工具，可以打开"颜色"泊坞窗，在其中可对图形的轮廓线颜色进行编辑。

图4-52

4.1.3 设置轮廓线的颜色

绘制一个图形对象，并使图形处于选取状态，选择"轮廓笔"工具，弹出"轮廓笔"对话框，如图4-53所示。

在"轮廓笔"对话框中，"颜色"选项可以设置轮廓线的颜色，在CorelDRAW 2022的默认状态下，轮廓线为黑色。在"颜色"选项右侧的按钮上单击，即可打开颜色下拉列表，如图4-54所示，在其中可以选择自己需要的颜色。

图4-53

图4-54

设置好需要的颜色后，单击OK按钮，可以改变轮廓线的颜色。

提示　图形对象在选取状态下，直接在调色板中需要的颜色上单击鼠标右键，可以快速填充轮廓线颜色。

4.1.4　设置轮廓线的粗细及样式

在"轮廓笔"对话框中，"宽度"选项用于设置轮廓线的宽度和宽度的度量单位。在"宽度"选项第一个下拉按钮上单击，弹出下拉列表，在下拉列表中可以选择宽度数值，如图4-55所示，也可以在数值框中直接输入宽度数值。在"宽度"选项第二个下拉按钮上单击，弹出下拉列表，在下拉列表中可以选择宽度的度量单位，如图4-56所示。在"风格"选项右侧的下拉按钮上单击，弹出下拉列表，在下拉列表中可以选择轮廓线的样式，如图4-57所示。

图4-55

图4-56

图4-57

4.1.5 设置轮廓线角的样式及端头样式

在"轮廓笔"对话框中，"角"选项用于设置轮廓线角的样式，如图4-58所示。"角"选项提供了3种轮廓线拐角的样式，它们分别是斜接角、圆角和斜切角。

可以适当增加轮廓线的宽度，因为较细的轮廓线在设置拐角后效果不明显。3种拐角的效果如图4-59所示。

在"轮廓笔"对话框中，"线条端头"选项用于设置线条端头的样式，如图4-60所示。"线条端头"选项提供了3种线条端头样式，它们分别是方形端头、圆形端头、延伸方形端头。3种端头样式的效果如图4-61所示。

图4-58　　　　　图4-59　　　　　图4-60　　　　　图4-61

在"轮廓笔"对话框中，"位置"选项用于设置轮廓位置的样式，如图4-62所示。"位置"选项提供了3种位置样式，它们分别是外部轮廓、居中的轮廓、内部轮廓。3种位置样式的效果如图4-63所示。

图4-62　　　　　图4-63

在"轮廓笔"对话框中，"箭头"设置区可以设置线条两端的箭头样式，如图4-64所示。"箭头"设置区中提供了两个样式框，左侧"起始箭头"样式框用来设置箭头样式，单击样式框上的下拉按钮，弹出箭头样式列表，如图4-65所示。右侧"终止箭头"样式框用来设置箭尾样式，单击样式框上的下拉按钮，弹出箭尾样式列表，如图4-66所示。

图4-64　　　　　图4-65　　　　　图4-66

勾选"填充之后"复选框，可以将图形的轮廓置于图形的填充之后。图形的填充会遮挡图形的轮廓颜色，只能观察到轮廓一定宽度的颜色。

勾选"随对象缩放"复选框，在缩放图形时，图形的轮廓线会随着图形的大小而改变，使图形的整体效果保持不变。如果不勾选此复选框，在缩放图形时，图形的轮廓线不会随着图形的大小而改变，轮廓线和填充不会保持原图形的效果，图形的整体效果也就会被破坏。

4.1.6　使用调色板填充颜色

　　调色板是为图形填充颜色的最快途径。单击调色板中的颜色，可以把该颜色快速填充到选中的图形中。CorelDRAW 2022提供了多种调色板，选择"窗口 > 调色板 > 调色板"命令，可选择系统提供的多种调色板。CorelDRAW 2022在默认状态下使用的是CMYK调色板。

　　调色板一般在屏幕的右侧，使用"选择"工具选中屏幕右侧的条形调色板，如图4-67所示，按住鼠标左键拖曳条形调色板到屏幕中间，拖曳条形调色板的边框，变化后的调色板如图4-68所示。

　　选中要填充的图形，如图4-69所示。在调色板中单击需要的颜色，如图4-70所示，图形的内部即被该颜色填充，如图4-71所示。单击调色板中的"无填充"按钮，可取消对图形内部的颜色填充。

图4-67

图4-68

图4-69

图4-70

图4-71

　　选取需要填充的图形，如图4-72所示。在调色板中需要的颜色上单击鼠标右键，如图4-73所示，图形的轮廓线即被该颜色填充。设置适当的轮廓线宽度，效果如图4-74所示。

图4-72

图4-73

图4-74

> **技巧**　按住鼠标左键不放将调色板中的色块拖曳到图形上，松开鼠标左键，也可填充图形。

4.1.7　使用均匀填充

　　按快捷键Shift+F11，弹出"编辑填充"对话框，可以在对话框中设置需要的颜色。对话框中两种设置颜色的方式分别为颜色查看器和调色板。

1. 颜色查看器

颜色查看器设置框如图4-75所示，其中提供了完整的色谱。操作颜色关联控件可更改颜色，也可以通过在颜色模式的各参数值框中设置数值以获取需要的颜色。在颜色查看器设置框中，还可以选择不同的颜色模式，"色彩模型"默认是CMYK模式，如图4-76所示。

图4-75   图4-76

调配好需要的颜色后，单击OK按钮，即可将需要的颜色填充到图形中。

2. 调色板

调色板设置框如图4-77所示，调色板设置框是通过CorelDRAW 2022中已有颜色库中的颜色来填充图形的，在"调色板"选项的下拉列表中可以选择需要的颜色库，如图4-78所示。

图4-77   图4-78

在调色板中的颜色上单击就可以选中需要的颜色，勾选"显示颜色名"复选框，可以显示颜色库中的颜色名称。调配好需要的颜色后，单击OK按钮，即可将需要的颜色填充到图形中。

4.1.8 使用"颜色"泊坞窗填充

"颜色"泊坞窗是为图形填充颜色的辅助工具，特别适合在实际工作中应用。

单击工具箱下方的 **+** 按钮，添加"颜色"工具。随后在工具箱中选择"颜色"工具，弹出"颜色"泊坞窗，如图4-79所示。绘制一个雨伞图形，如图4-80所示。在"颜色"泊坞窗中设置颜色，如图4-81所示。

图4-79　　　　　　　图4-80　　　　　　　图4-81

设置好颜色后，单击"填充"按钮，如图4-82所示，颜色随即填充到雨伞图形的内部，效果如图4-83所示。也可在设置好颜色后，单击"轮廓"按钮，如图4-84所示，填充颜色到雨伞图形的轮廓线上，效果如图4-85所示。

图4-82　　　　　　图4-83　　　　　　图4-84　　　　　　图4-85

"颜色"泊坞窗左上角的3个按钮 分别是"显示颜色查看器""显示颜色滑块""显示调色板"。分别单击这3个按钮可以选择不同的设置颜色的方式，如图4-86所示。

（a）　　　　　　（b）　　　　　　（c）

图4-86

4.2 渐变填充和图样填充

渐变填充和图样填充都是非常实用的功能，在设计制作中经常使用。在CorelDRAW 2022中，渐变填充提供了线性、椭圆形、圆锥形和矩形4种渐变形式，使用这些渐变形式可以绘制出多种渐变颜色效果。图样填充是将预设图案以平铺的方法填充到图形中。下面将介绍使用渐变填充和图样填充的方法与技巧。

4.2.1 课堂案例——绘制卡通小狐狸

图4-87

案例学习目标 学习使用图形绘制工具、"渐变填充"按钮和"形状"泊坞窗绘制卡通小狐狸。

案例知识要点 使用"椭圆形"工具、"贝塞尔"工具、"焊接"按钮绘制耳朵，使用"椭圆形"工具、"矩形"工具、"星形"工具和"移除前面对象"按钮绘制嘴唇及脸庞，使用"矩形"工具、"圆角半径"选项、"形状"泊坞窗和"渐变填充"按钮绘制尾巴。卡通小狐狸效果如图4-87所示。

效果所在位置 学习资源\Ch04\效果\绘制卡通小狐狸.cdr。

01 按快捷键Ctrl+N，新建一个A4页面。双击"矩形"工具▢，绘制一个与页面大小相等的矩形，如图4-88所示。设置图形颜色的CMYK值为70、71、75、37，填充图形，并去除图形的轮廓线，效果如图4-89所示。

02 选择"椭圆形"工具◯，在页面外绘制一个椭圆形，如图4-90所示。选择"贝塞尔"工具✎，在适当的位置绘制一个不规则图形，如图4-91所示。

图4-88　　　　　　图4-89　　　　　　图4-90　　　　　　图4-91

03 选择"选择"工具▶，按数字键盘上的+键，复制图形。单击属性栏中的"水平镜像"按钮⬌，水平翻转图形，如图4-92所示。按住Shift键的同时，水平向右拖曳翻转图形到适当的位置，效果如图4-93所示。

04 选择"选择"工具 ，用圈选的方法将所绘制的图形同时选取，如图4-94所示，单击属性栏中的
"焊接"按钮 ，合并图形，效果如图4-95所示。

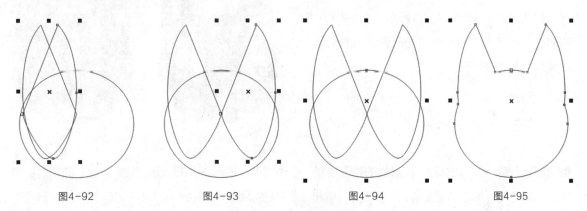

图4-92　　　　　　　　图4-93　　　　　　　　图4-94　　　　　　　　图4-95

05 按F11键，弹出"编辑填充"对话框，单
击"渐变填充"按钮 ，将起点颜色的CMYK
值设为0、61、99、0，终点颜色的CMYK值
设为13、69、100、0，其他选项的设置如图
4-96所示；单击OK按钮，填充图形，并去除
图形的轮廓线，效果如图4-97所示。

图4-96　　　　　　　　　　图4-97

06 选择"贝塞尔"工具 ，在适当的位置绘制一个不规则图形，如图4-98所示。按F11键，弹出"编
辑填充"对话框，单击"渐变填充"按钮 ，将起点颜色的CMYK值设为12、82、100、0，终点颜色
的CMYK值设为0、61、100、0，其他选项的设置如图4-99所示；单击OK按钮，填充图形，并去除图
形的轮廓线，效果如图4-100所示。

图4-98　　　　　　　　图4-99　　　　　　　　图4-100

07 选择"选择"工具�L，按数字键盘上的+键，
复制图形。单击属性栏中的"水平镜像"按钮▦，
水平翻转图形，如图4-101所示。按住Shift键
的同时，水平向右拖曳翻转图形到适当的位置，
效果如图4-102所示。

图4-101   图4-102

08 选择"椭圆形"工具○，在适当的位置绘制一个椭圆形，如图4-103所示。按F11键，弹出"编辑
填充"对话框，单击"渐变填充"按钮▦，将起点颜色的CMYK值设为12、82、100、0，终点颜色的
CMYK值设为11、62、93、0，其他选项的设置如图4-104所示；单击OK按钮，填充图形，并去除图
形的轮廓线，效果如图4-105所示。

图4-103   图4-104   图4-105

09 选择"椭圆形"工具○，在适当的位置绘制一个椭圆形，如图4-106所示。选择"矩形"工具□，在
适当的位置绘制一个矩形，如图4-107所示。

10 选择"选择"工具L，按住Shift键的同时，单击椭圆形将其同时选取，如图4-108所示，单击属性
栏中的"移除前面对象"按钮▣，将两个图形剪切为一个图形，效果如图4-109所示。

图4-106   图4-107   图4-108   图4-109

11 按F11键，弹出"编辑填充"对话框，单击"渐变填充"按钮▦，将起点颜色的CMYK值设为0、0、0、20，终点颜色的CMYK值设为0、0、0、0，其他选项的设置如图4-110所示；单击OK按钮，填充图形，并去除图形的轮廓线，效果如图4-111所示。

12 选择"椭圆形"工具◯，按住Ctrl键的同时，在适当的位置绘制一个圆形，填充图形为黑色，并去除图形的轮廓线，效果如图4-112所示。按数字键盘上的+键，复制圆形。选择"选择"工具▸，按住Shift键的同时，水平向右拖曳复制的圆形到适当的位置，效果如图4-113所示。

图4-110

图4-111

图4-112

图4-113

13 选择"星形"工具☆，在属性栏中的设置如图4-114所示；在适当的位置绘制一个三角形，如图4-115所示。

图4-114

图4-115

14 选择"星形"工具☆，在属性栏中的设置如图4-116所示；在适当的位置绘制一个多角星形，如图4-117所示。

图4-116

图4-117

15 按F12键，弹出"轮廓笔"对话框，在"颜色"选项中设置轮廓线颜色为黑色，其他选项的设置如图4-118所示；单击OK按钮，效果如图4-119所示。

图4-118　　　　　　　　　　　　　　　　图4-119

16 选择"矩形"工具▢，在适当的位置绘制一个矩形，如图4-120所示。在属性栏中将矩形左上角和其余三个角的"圆角半径"选项分别设为50.0mm和0 mm，如图4-121所示，按Enter键，效果如图4-122所示。按快捷键Ctrl+C，复制图形（此图形作为备用）。

图4-120　　　　　　　　　图4-121　　　　　　　　　图4-122

17 单击属性栏中的"转换为曲线"按钮⌧，将图形转换为曲线，如图4-123所示；选择"形状"工具⬘，用圈选的方法选取右侧的节点，如图4-124所示，向左拖曳选中的节点到适当的位置，效果如图4-125所示。

图4-123　　　　　　　　图4-124　　　　　　　　图4-125

18 按F11键，弹出"编辑填充"对话框，单击"渐变填充"按钮▦，将起点颜色的CMYK值设为0、0、0、20，终点颜色的CMYK值设为0、0、0、0，其他选项的设置如图4-126所示；单击OK按钮，填充图形，并去除图形的轮廓线，效果如图4-127所示。

19 按快捷键Ctrl+V，粘贴（备用）图形，如图4-128所示。选择"选择"工具▸，选取下方渐变椭圆形，按数字键盘上的+键，复制图形，如图4-129所示。

图4-126

图4-127   图4-128   图4-129

20 选择"窗口 > 泊坞窗 > 形状"
命令，在弹出的"形状"泊坞窗中
选择"相交"选项，如图4-130所
示。单击"相交对象"按钮，将
鼠标指针放置到需要的图形上，
如图4-131所示，再单击鼠标左
键，效果如图4-132所示。

图4-130

图4-131

图4-132

21 按F11键，弹出"编辑填充"对话框，单击"渐变填充"按钮 ▤，将起点颜色的CMYK值设为0、
61、100、0，终点颜色的CMYK值设为16、71、100、0，其他选项的设置如图4-133所示；单击OK
按钮，填充图形，并去除图形的轮廓线，效果如图4-134所示。

22 选择"选择"工具 ▶，用圈选的方法将所绘制的图形全部选取，按快捷键Ctrl+G，将其群组，拖曳
群组图形到页面中适当的位置，效果如图4-135所示。

23 选择"文本"工具 字，在适当的位置输入需要的文字；选择"选择"工具 ▶，在属性栏中选取适当的
字体并设置文字大小，填充文字为白色，效果如图4-136所示。卡通小狐狸绘制完成。

图4-133

图4-134

图4-135

图4-136

4.2.2 使用属性栏进行填充

绘制一个图形，如图4-137所示。选择"交互式填充"工具 ，在属性栏中单击"渐变填充"按钮 ，属性栏如图4-138所示，效果如图4-139所示。

图4-137   图4-138   图4-139

单击属性栏中的其他按钮 ，可以选择不同的渐变填充类型，"椭圆形渐变填充" 、"圆锥形渐变填充" 和"矩形渐变填充" 的效果如图4-140所示。

属性栏中的"节点颜色" 用于设置选中渐变节点的颜色，"节点透明度" 0% 文本框用于设置选中渐变节点的透明度，"加速" 0.0 文本框用于设置从一个颜色到另外一个颜色的渐变速度。

图4-140

4.2.3 使用工具进行填充

绘制一个图形，如图4-141所示。选择"交互式填充"工具 ，在起点按住鼠标左键并拖曳鼠标到适当的位置，松开鼠标左键，图形被填充预设的颜色，效果如图4-142所示。在拖曳鼠标的过程中可以控制渐变的角度、渐变的边缘宽度等渐变属性。

图4-141   图4-142

拖曳起点颜色和终点颜色可以改变渐变的角度和边缘宽度。拖曳中间点颜色可以调整渐变颜色的分布。拖曳渐变虚线，可以控制渐变颜色与图形之间的相对位置。拖曳上方的圆圈图标可以调整渐变的倾斜角度。

4.2.4　使用渐变填充

在"编辑填充"对话框的"渐变填充"界面中，"调和过渡"设置区提供了3种渐变填充的排列方式："默认渐变填充"、"重复和镜像"渐变填充和"重复"渐变填充。

1. 默认渐变填充

单击"默认渐变填充"按钮，"编辑填充"对话框如图4-143所示。

在预览色带的起点颜色和终点颜色之间双击，预览色带上将产生一个三角形色标，也就是会新增一个渐变颜色标记，如图4-144所示。"节点位置" 位置：24% ⬆ 选项中显示的百分数就是当前新增渐变颜色标记的位置。单击"节点颜色" 颜色： ⬛▾ 选项右侧的下拉按钮▾，在弹出的下拉列表中设置需要的渐变颜色，预览色带上渐变颜色标记的颜色将改变为设置的颜色。"节点颜色" 颜色： ⬛▾ 选项中显示的颜色就是当前渐变颜色标记的颜色。在对话框中设置好渐变颜色后，单击OK按钮，完成图形的渐变填充。

图4-143

图4-144

2. 重复和镜像渐变填充

单击"重复和镜像"渐变填充按钮，"编辑填充"对话框如图4-145所示。再单击调色板中的颜色，可改变渐变颜色标记的颜色。

3. 重复渐变填充

单击"重复"渐变填充按钮，"编辑填充"对话框如图4-146所示。

图4-145

图4-146

4.2.5 渐变填充的样式

绘制一个图形，如图4-147所示。在"编辑填充"对话框中单击"填充挑选器"选项右侧的下拉按钮，可以看到，弹出的面板中包含了CorelDRAW 2022预设的一些渐变效果，如图4-148所示。

图4-147

图4-148

选择一个预设的渐变效果，单击OK按钮，可以完成渐变填充。使用预设的渐变效果填充图形，效果如图4-149所示。

图4-149

4.2.6 图样填充

向量图样填充是由矢量和线描式图像生成的。按F11键，在弹出的"编辑填充"对话框中单击"向量图样填充"按钮▦，如图4-150所示。

位图图样填充是用位图图片进行填充的。按F11键，在弹出的"编辑填充"对话框中单击"位图图样填充"按钮▨，如图4-151所示。

双色图样填充是用由两种颜色构成的图案来填充的，也就是通过设置前景色和背景色进行填充。按F11键，在弹出的"编辑填充"对话框中单击"双色图样填充"按钮◧，如图4-152所示。

图4-150

图4-151

图4-152

4.3 其他填充

除均匀填充、渐变填充和图样填充外，常用的填充还包括底纹填充、网状填充等。这些填充可以使图形更加自然、多变。下面具体介绍这些填充的使用方法和技巧。

4.3.1 课堂案例——绘制水果图标

案例学习目标 学习使用"双色图样填充"按钮和"网状填充"工具绘制水果图标。

案例知识要点 使用"矩形"工具和"双色图样填充"按钮绘制背景，使用"椭圆形"工具、"多边形"工具、"基本形状"工具、"水平镜像"按钮、"焊接"按钮和"轮廓笔"工具绘制水果形状，使用"3点椭圆形"工具、"网状填充"工具绘制高光。水果图标效果如图4-153所示。

效果所在位置 学习资源\Ch04\效果\绘制水果图标.cdr。

图4-153

01 按快捷键Ctrl+N，弹出"创建新文档"对话框，设置文档的宽度为1024 px、高度为1024 px、方向为"纵向"、原色模式为RGB、分辨率为72 dpi，单击OK按钮，新建一个文档。

02 双击"矩形"工具▢，绘制一个与页面大小相等的矩形，如图4-154所示。按快捷键Shift+F11，弹出"编辑填充"对话框，单击"双色图样填充"按钮▦，切换到相应的界面中，在"填充"选项下方单击预览框▦右侧的下拉按钮▾，在弹出的列表中选择需要的图样效果，如图4-155所示；返回到"编辑填充"对话框，其他选项的设置如图4-156所示，单击OK按钮，填充图形，并去除图形的轮廓线，效果如图4-157所示。

图4-154　　　　图4-155　　　　　　　　图4-156　　　　　　　　图4-157

03 选择"椭圆形"工具◯，按住Ctrl键的同时，在适当的位置绘制一个圆形，设置图形颜色的RGB值为215、36、36，填充图形，并去除图形的轮廓线，效果如图4-158所示。

04 按F12键，弹出"轮廓笔"对话框，在"颜色"选项中设置轮廓线颜色的RGB值为115、37、51，其他选项的设置如图4-159所示；单击OK按钮，效果如图4-160所示。

图4-158　　　　　　　　　　　图4-159　　　　　　　　　　图4-160

05 选择"多边形"工具◎，在属性栏中的设置如图4-161所示；在页面外绘制一个三角形，效果如图4-162所示。

06 选择"常见形状"工具％，单击属性栏中的"常用形状"按钮◻，在弹出的下拉列表中选择需要的形状，如图4-163所示。在适当的位置拖曳鼠标绘制三角形，如图4-164所示。

图4-161　　　　　　图4-162　　　　　　图4-163　　　　　　图4-164

07 单击属性栏中的"转换为曲线"按钮⊙，将图形转换为曲线，如图4-165所示。选择"形状"工具⬚，选中并向右拖曳左下角的节点到适当的位置，效果如图4-166所示。

图4-165　　　　　　　　　图4-166

08 选择"选择"工具➤，按数字键盘上的+键，复制图形。按住Shift键的同时，水平向右拖曳复制的图形到适当的位置，效果如图4-167所示。单击属性栏中的"水平镜像"按钮◨，水平翻转图形，效果如图4-168所示。

图4-167　　　　　　　　　　　　图4-168

09 选择"矩形"工具□，在适当的位置绘制一个矩形，如图4-169所示。选择"选择"工具▶，用圈选的方法将所绘制的图形同时选取，如图4-170所示，单击属性栏中的"焊接"按钮🗗，合并图形，如图4-171所示。

图4-169   图4-170   图4-171

10 选择"选择"工具▶，拖曳合并后的图形到页面中适当的位置，如图4-172所示。选择"属性滴管"工具✐，将鼠标指针放置在下方圆形上，鼠标指针变为✎图标，如图4-173所示。在圆形上单击吸取属性，鼠标指针变为◇.图标，在需要的图形上单击，填充图形，效果如图4-174所示。

图4-172   图4-173   图4-174

11 按F12键，弹出"轮廓笔"对话框，在"角"选项中单击"圆角"按钮🗗，其他选项的设置如图4-175所示；单击OK按钮，效果如图4-176所示。按快捷键Ctrl+PageDown，将图形向后移一层，效果如图4-177所示。

图4-175   图4-176   图4-177

12 选择"选择"工具▶，按住Shift键的同时，单击下方圆形将其同时选取，如图4-178所示，按数字键盘上的+键，复制图形。分别按→键和↓键，微调复制的图形到适当的位置，如图4-179所示。

13 保持图形选取状态。设置图形填充和轮廓线颜色的RGB值均为204、208、213，填充图形，效果如图4-180所示。按快捷键Ctrl+PageDown，将选中图形向后移一层，效果如图4-181所示。

图4-178　　　　　图4-179　　　　　图4-180　　　　　图4-181

14 选择"椭圆形"工具◯，按住Ctrl键的同时，在适当的位置绘制一个圆形，如图4-182所示。设置图形颜色的RGB值为254、52、52，填充图形，并去除图形的轮廓线，效果如图4-183所示。用相同的方法分别绘制其他圆形，并填充相应的颜色，效果如图4-184所示。

图4-182　　　　　图4-183　　　　　图4-184

15 选择"3点椭圆形"工具，在适当的位置拖曳鼠标绘制一个倾斜椭圆形，如图4-185所示。设置图形颜色的RGB值为255、153、153，填充图形，并去除图形的轮廓线，效果如图4-186所示。

图4-185　　　　　图4-186

16 选择"网状填充"工具，在属性栏中进行设置，如图4-187所示；按Enter键，在椭圆形中添加网格，效果如图4-188所示。

17 使用"网状填充"工具，按住Shift键的同时，单击选中网格中添加的节点，如图4-189所示。在"RGB调色板"中的"白"色块上单击，为网格中的节点填充颜色，效果如图4-190所示。

图4-187　　　　　图4-188　　　　　图4-189　　　　　图4-190

18 按住Shift键的同时，单击选中网格中添加的节点，如图4-191所示。选择"窗口 > 泊坞窗 > 颜色"命令，弹出"颜色"泊坞窗，设置如图4-192所示，单击"填充"按钮，效果如图4-193所示。

图4-191　　　　图4-192　　　　图4-193

19 用相同的方法再绘制一个网状球体，效果如图4-194所示。水果图标绘制完成，效果如图4-195所示。将图标应用在手机中，会自动应用圆角遮罩图标，呈现出圆角效果，如图4-196所示。

图4-194　　　　图4-195　　　　图4-196

4.3.2 底纹填充

按F11键，弹出"编辑填充"对话框，单击"底纹填充"按钮，如图4-197所示。CorelDRAW 2022的底纹库提供了多个样本组和几百种预设的底纹填充图案。

在"底纹库"选项的下拉列表中，可以选择不同的样本组。CorelDRAW 2022底纹库提供了7个样本组。选择样本组后，在"填充"选项下方预览框中显示出底纹的效果，单击预览框右侧的下拉按钮，在弹出的下拉列表中可以选择需要的底纹图案。

图4-197

绘制一个图形，在"底纹库"中选择需要的样本组后，单击预览框右侧的下拉按钮，在弹出的下拉列表中选择需要的底纹效果，单击OK按钮，可以将底纹图案填充到图形中。几个填充不同底纹的图形效果如图4-198所示。

选择"交互式填充"工具 ⬧，在属性栏中单击"底纹填充"按钮 ▦，单击"填充挑选器" ▦▼ 选项右侧的下拉按钮 ▼，在弹出的下拉列表中可以选择底纹填充的样式。

图4-198

> **提示**　底纹填充会增加文件的大小，从而延长处理时间，在对大型的图形使用底纹填充时要慎重。

4.3.3 PostScript填充

PostScript填充是利用PostScript语言设计的一种特殊的图案填充。PostScript图案是一种特殊的图案，只有在"增强"视图模式下，PostScript填充的底纹才能显示出来。下面介绍PostScript填充的使用方法和技巧。

按F11键，弹出"编辑填充"对话框，单击"PostScript填充"按钮 ▦，切换到相应的界面，如图4-199所示，CorelDRAW 2022提供了多个PostScript底纹图案。

图4-199

在对话框左侧的预览框中可以看到PostScript底纹的效果。"填充底纹"下拉列表提供了多个PostScript底纹，选择一个PostScript底纹，右侧的参数设置区中会出现所选PostScript底纹的参数。

在参数设置区的各个选项中输入需要的数值，可以改变选择的PostScript底纹，产生新的PostScript底纹，如图4-200所示。

选择"交互式填充"工具 ⬧，在属性栏中单击"PostScript填充"按钮 ▦，然后单击"PostScript填充底纹" 爬虫 ▼ 选项右侧的下拉按钮，可以在弹出的下拉列表中选择PostScript底纹对图形进行填充，如图4-201所示。

> **提示**　CorelDRAW 2022在屏幕上显示PostScript填充时用字母"PS"表示。PostScript填充使用的限制非常多，由于PostScript填充图案非常复杂，因此在打印和更新屏幕显示时会使处理时间增长。PostScript填充非常占用系统资源，使用时一定要慎重。

图4-200 图4-201

4.3.4 网状填充

绘制一个要进行网状填充的图形，如图4-202所示。选择"网状填充"工具 田，在属性栏中将"网格大小"选项的行数和列数均设置为3，按Enter键，图形的网状填充效果如图4-203所示。

选中网格中需要填充的节点，如图4-204所示。在调色板中需要的颜色上单击，可以为选中的节点填充颜色，效果如图4-205所示。

图4-202　　　　　图4-203　　　　　图4-204　　　　　图4-205

再选中其他需要填充的节点并进行颜色填充，如图4-206所示。选中节点后，拖曳节点的控制点可以改变颜色填充的方向，如图4-207所示。网状填充效果如图4-208所示。

图4-206　　　　　图4-207　　　　　图4-208

4.3.5 滴管工具

使用"属性滴管"工具可以提取并复制图形的属性，进而将属性填充到其他图形中。使用"颜色滴管"工具，只能将从图形上提取的颜色填充到其他图形中。

1. "颜色滴管"工具

　　绘制两个图形，如图4-209所示。选择"颜色滴管"工具 ，属性栏如图4-210所示。将鼠标指针放置在图形上，单击提取图形的颜色，如图4-211所示。鼠标指针变为 图标，将鼠标指针移动到另一图形上单击，如图4-212所示，即可填充提取的颜色，效果如图4-213所示。

图4-209　　　　　　　　　　　　　　　　　　图4-210

图4-211　　　　　　　　图4-212　　　　　　　　图4-213

2. "属性滴管"工具

　　选择"属性滴管"工具 ，属性栏如图4-214所示。将鼠标指针放置在图形上，单击提取图形的属性，如图4-215所示。鼠标指针变为 图标，将鼠标指针移动到另一图形上单击，如图4-216所示，即可填充提取的所有属性，效果如图4-217所示。

图4-214　　　　　　　　　　　　图4-215

图4-216　　　　　　　　　　图4-217

　　在"属性滴管"工具属性栏中，在"属性"选项下拉列表中，可以设置提取并复制对象的轮廓属性、填充属性和文本属性。在"变换"选项下拉列表中，可以设置提取并复制对象的大小、旋转和位置等属性。在"效果"选项下拉列表中，可以设置提取并复制对象的透视点、封套、混合、立体化、轮廓图、透镜、PowerClip、阴影、变形和位图效果等属性。

课堂练习——绘制折纸标志

练习知识要点 使用"贝塞尔"工具、"椭圆形"工具和"渐变填充"按钮绘制折纸标志，效果如图4-218所示。

效果所在位置 学习资源\Ch04\效果\绘制折纸标志.cdr。

图4-218

课后习题——绘制饺子插画

习题知识要点 使用"矩形"工具和"双色图样填充"按钮绘制背景效果，使用"贝塞尔"工具、"3点椭圆形"工具、"渐变填充"按钮绘制瓷碗，使用"导入"命令导入素材，使用"贝塞尔"工具、"矩形"工具、"置于图文框内部"命令绘制筷子，效果如图4-219所示。

素材所在位置 学习资源\Ch04\素材\绘制饺子插画\01、02。

效果所在位置 学习资源\Ch04\效果\绘制饺子插画.cdr。

图4-219

第 5 章

排列和组合对象

本章介绍

CorelDRAW 2022提供了多个命令和工具来排列和组合图形
对象。本章将介绍CorelDRAW 2022中排列和组合对象的功
能以及相关的技巧。通过学习本章内容，读者可以学会排列
和组合对象，轻松完成制作任务。

学习目标

● 熟练掌握对齐和分布对象的方法。

● 了解网格和辅助线的设置及使用方法。

● 掌握对象的排序方法。

● 掌握组合和合并的技巧。

技能目标

● 掌握"民间剪纸海报"的制作方法。

● 掌握"风筝插画"的绘制方法。

5.1 对齐和分布

CorelDRAW 2022提供了对齐与分布功能来设置对象的对齐和分布方式。下面介绍对齐与分布的使用方法和技巧。

5.1.1 课堂案例——制作民间剪纸海报

案例学习目标 学习使用"矩形"工具、"对齐与分布"泊坞窗制作民间剪纸海报。

案例知识要点 使用"矩形"工具、"扇形角"按钮、"变换"泊坞窗、"旋转角度"选项绘制装饰图形，使用"导入"命令导入素材图片，使用"对齐与分布"泊坞窗对齐所选对象，使用"文本"工具添加并编辑文字。民间剪纸海报效果如图5-1所示。

效果所在位置 学习资源\Ch05\效果\制作民间剪纸海报.cdr。

图5-1

01 按快捷键Ctrl+N，弹出"创建新文档"对话框，设置文档的宽度为500 mm、高度为700 mm、方向为"纵向"、原色模式为CMYK、分辨率为300 dpi，单击OK按钮，新建一个文档。

02 双击"矩形"工具□，绘制一个与页面大小相等的矩形，如图5-2所示，设置图形颜色的CMYK值为0、7、6、0，填充图形，并去除图形的轮廓线，效果如图5-3所示。使用"矩形"工具□，在适当的位置再绘制一个矩形，如图5-4所示。

图5-2   图5-3   图5-4

03 在属性栏中单击"扇形角"按钮☑，将矩形左上角和其余三个角的"圆角半径"选项分别设为16 mm和0 mm，如图5-5所示；按Enter键，效果如图5-6所示。按F12键，弹出"轮廓笔"对话框，在"颜色"选项中设置轮廓线颜色的CMYK值为38、98、100、4，其他选项的设置如图5-7所示；单击OK按钮，效果如图5-8所示。

图5-5   图5-6

图5-7   图5-8

04 用相同的方法绘制右侧矩形，并设置扇形角，效果如图5-9所示。选择"选择"工具，按住Shift键的同时，单击左侧扇形角矩形将其同时选取，如图5-10所示。选择"窗口 > 泊坞窗 > 对齐与分布"命令，弹出"对齐与分布"泊坞窗，单击"顶端对齐"按钮，如图5-11所示，图形顶对齐效果如图5-12所示。

图5-9   图5-10

图5-11   图5-12

05 选择"矩形"工具，在适当的位置绘制一个矩形，如图5-13所示。按F12键，弹出"轮廓笔"对话框，在"颜色"选项中设置轮廓线颜色的CMYK值为38、98、100、4，其他选项的设置如图5-14所示；单击OK按钮，效果如图5-15所示。

图5-13   图5-14   图5-15

06 选择"选择"工具 ，用圈选的方法将所绘制的图形同时选取，如图5-16所示。在"对齐与分布"泊坞窗中，单击"左对齐"按钮 ，如图5-17所示，图形左对齐效果如图5-18所示。用相同的方法分别绘制其他矩形，并进行设置和对齐，效果如图5-19所示。

图5-16   图5-17

图5-18   图5-19

07 选择"矩形"工具 ，在适当的位置绘制一个矩形，如图5-20所示。按F12键，弹出"轮廓笔"对话框，在"颜色"选项中设置轮廓线颜色的CMYK值为0、7、6、0，其他选项的设置如图5-21所示；单击OK按钮。设置图形颜色的CMYK值为38、98、100、4，填充图形，效果如图5-22所示。

图5-20   图5-21   图5-22

08 选择"窗口 > 泊坞窗 > 变换"命令，弹出"变换"泊坞窗，单击"大小"按钮 ，选项的设置如图5-23所示，单击"应用"按钮，效果如图5-24所示。在属性栏中单击"扇形角"按钮 ，将"圆角半径"选项均设为6.0 mm，如图5-25所示；按Enter键，效果如图5-26所示。

图5-23   图5-24   图5-25   图5-26

09 选择"选择"工具 ↖，用圈选的方法将所绘制的图形同时选取，按快捷键Ctrl+G，将其组合，如图5-27所示。在属性栏的"旋转角度" ⊙ 0.0 ° 框中设置数值为45，按Enter键，效果如图5-28所示。

10 按数字键盘上的+键，复制菱形。按住Shift键的同时，垂直向下拖曳复制的组合菱形到适当的位置，效果如图5-29所示。连续按快捷键Ctrl+D，按需要再复制多个组合菱形，效果如图5-30所示。

图5-27　　　　图5-28　　　　图5-29　　　　图5-30

11 选择"文本"工具 字，在适当的位置输入需要的文字，选择"选择"工具 ↖，在属性栏中选取适当的字体并设置文字大小，单击"将文本更改为垂直方向"按钮 ⫴，更改文字方向，效果如图5-31所示。设置文字颜色的CMYK值为0、7、6、0，填充文字，效果如图5-32所示。

12 选择"文本 > 文本"命令，在弹出的"文本"泊坞窗中进行设置，如图5-33所示；按Enter键，效果如图5-34所示。

图5-31　　图5-32　　　　　图5-33　　　　　图5-34

13 选择"选择"工具 ↖，按住Shift键的同时，单击最后一个组合菱形将其同时选取，如图5-35所示。在"对齐与分布"泊坞窗中，单击"水平居中对齐"按钮 ⫿，如图5-36所示，文字居中对齐效果如图5-37所示。

图5-35　　　　　图5-36　　　　　图5-37

14 选择"文本"工具🔤，在适当的位置输入需要的文字，选择"选择"工具⬆️，在属性栏中选取适当的字体并设置文字大小，单击"将文本更改为水平方向"按钮🔛，更改文字方向，效果如图5-38所示。设置文字颜色的CMYK值为34、99、100、1，填充文字，效果如图5-39所示。选择"形状"工具⬆️，向右拖曳文字下方的🏔️图标，调整文字的间距，效果如图5-40所示。

图5-38

图5-39

图5-40

15 选择"选择"工具⬆️，按住Shift键的同时，单击下方红色图形将其同时选取，如图5-41所示。在"对齐与分布"泊坞窗中，单击"水平居中对齐"按钮，如图5-42所示，再次单击"垂直居中对齐"按钮，如图5-43所示，文字居中对齐效果如图5-44所示。

图5-41

图5-42

16 用相同的方法输入其他文字，并进行对齐，效果如图5-45所示。按快捷键Ctrl+I，弹出"导入"对话框，选择学习资源中的"Ch05\素材\制作民间剪纸海报\01"文件，单击"导入"按钮，在页面中单击导入图形。选择"选择"工具⬆️，拖曳图形和文字到适当的位置，效果如图5-46所示。民间剪纸海报制作完成，效果如图5-47所示。

图5-43

图5-44

图5-45

图5-46

图5-47

5.1.2 对象的对齐与分布

1. 对象的对齐

使用"选择"工具 选中多个要对齐的对象，选择"对象 > 对齐与分布 > 对齐与分布"命令，或按快捷键Ctrl+Shift+A，或单击属性栏中的"对齐与分布"按钮 ，弹出图5-48所示的"对齐与分布"泊坞窗。

在"对齐与分布"泊坞窗的"对齐"设置区中，有两组对齐方式，包括"左对齐"按钮 、"水平居中对齐"按钮 、"右对齐"按钮 ，以及"顶端对齐"按钮 、"垂直居中对齐"按钮 、"底端对齐"按钮 。两组对齐方式可以单独使用，也可以配合使用，如对齐右底端、左顶端等设置就需要两组对齐方式配合使用。

在"对齐"设置区中还可以选择对齐基准，其中包括"选定对象"按钮 、"页面边缘"按钮 、"页面中心"按钮 、"网格"按钮 和"指定点"按钮 。对齐基准按钮必须与对齐方式按钮同时使用，以指定对象的某个部分去和相应的基准线对齐。

选择"选择"工具 ，按住Shift键，单击要对齐的对象，将它们全部选中，如图5-49所示，注意目标对象要最后选中，因为其他对象将以目标对象为基准对齐，本例中以右下角的相机图形为目标对象，所以最后选中它。

在"对齐与分布"泊坞窗中，单击"右对齐"按钮 ，如图5-50所示，对象以最后选中的相机图形的右边缘为基准进行对齐，效果如图5-51所示。

图5-48

图5-49

图5-50

图5-51

在"对齐与分布"泊坞窗中，单击"对齐"设置区中的"页面中心"按钮 ，再单击"垂直居中对齐"按钮 ，如图5-52所示，对象以页面中心为基准进行垂直居中对齐，效果如图5-53所示。

图5-52

图5-53

提示 在"对齐与分布"泊坞窗中，可以进行多种图形对齐方式的设置，只要多练习，就可以很快掌握图形对齐方式的设置方法。

2．对象的分布

使用"选择"工具 选中要分布排列的对象，如图5-54所示。再选择"对象 > 对齐与分布 > 对齐与分布"命令，弹出"对齐与分布"泊坞窗，如图5-55所示，"分布"设置区中包括多个分布排列的按钮。

"分布"设置区中有两组分布排列按钮，包括"左分散排列"按钮 、"水平分散排列中心"按钮 、"右分散排列"按钮 、"水平分散排列间距"按钮 ，以及"顶端分散排列"按钮 、"垂直分散排列中心"按钮 、"底部分散排列"按钮 、"垂直分散排列间距"按钮 。可以选择不同的基准点来分布对象。

在"分布至"选项中可以选择对齐基准，包括"选定对象"按钮 、"页面边缘"按钮 和"对象间距"按钮 。

在"对齐与分布"泊坞窗中，单击"垂直分散排列间距"按钮 ，如图5-56所示，几个图形对象的分布效果如图5-57所示。

图5-54

图5-55

图5-56

图5-57

5.1.3 网格和辅助线的设置与使用

1．设置网格

选择"查看 > 网格 > 文档网格"命令，在页面中显示网格，如图5-58所示。如果想取消显示网格，只需要再次选择"查看 > 网格 > 文档网格"命令即可。

在绘图页面中单击鼠标右键，弹出快捷菜单，在快捷菜单中选择"查看 > 文档网格"命令，如图5-59所示，也可以在页面中显示网格。

图5-58　　　　　　　图5-59

在绘图页面的标尺上单击鼠标右键，弹出快捷菜单，在快捷菜单中选择"网格设置"命令，如图5-60所示，弹出"选项"对话框，如图5-61所示。在"文档网格"设置区中可以设置网格的密度和网格点的间距。在"基线网格"设置区中可以设置网格从顶部开始的距离和基线间的间距。若要查看像素网格设置的效果，必须切换到"像素"视图。

图5-60

图5-61

2. 设置辅助线

将鼠标指针移动到水平或垂直标尺上，按住鼠标左键不放，并向下或向右拖曳，在适当的位置松开鼠标左键，可以绘制一条辅助线，辅助线效果如图5-62所示。

要想移动辅助线，必须先选中辅助线，将鼠标指针放在辅助线上并单击，此时辅助线被选中并显示为红色，按住鼠标左键将辅助线拖曳到适当的位置，松开鼠标左键即可移动辅助线，如图5-63所示。在拖曳的过程中单击鼠标右键，松开鼠标左键后可以在当前位置复制出一条辅助线。选中辅助线后，按Delete键，可以将辅助线删除。

辅助线被选中变成红色后，再次单击辅助线，此时辅助线切换为旋转模式，如图5-64所示。可以通过拖曳辅助线两端的旋转控制点来旋转辅助线，如图5-65所示。

图5-62

图5-63

提示 选择"窗口 > 泊坞窗 > 辅助线"命令，或在标尺上单击鼠标右键，在弹出的快捷菜单中选择"准线设置"命令，弹出"辅助线"泊坞窗，可在其中设置辅助线。

图5-64

图5-65

在辅助线上单击鼠标右键，在弹出的快捷菜单中选择"锁定"命令，可以将辅助线锁定。在快捷菜单中选择"解锁"命令，可以将辅助线解锁。

3. 对齐网格、辅助线和对象

选择"查看 > 贴齐 > 文档网格"命令，或单击"标准"工具栏中的"贴齐"按钮<u>贴齐(I) ▾</u>，在弹出的下拉列表中勾选"文档网格"复选框，如图5-66所示，或按快捷键Alt+Y。选择"查看 > 网格 > 文档网格"命令，在绘图页面中设置好网格。在移动对象的过程中，对象会自动对齐网格、辅助线或其他对象，如图5-67所示。

在"对齐与分布"泊坞窗中选取需要的对齐或分布方式，单击"对齐"设置区中的"网格"按钮▦，如图5-68所示。对象的中心点会对齐最近的网格点，在移动对象时，对象会对齐最近的网格点。

图5-66　　　　　图5-67　　　　　图5-68

选择"查看 > 贴齐 > 辅助线"命令，或单击"贴齐"按钮<u>贴齐(I) ▾</u>，在弹出的下拉列表中勾选"辅助线"复选框，可使对象自动对齐辅助线。

选择"查看 > 贴齐 > 对象"命令，或单击"贴齐"按钮<u>贴齐(I) ▾</u>，在弹出的下拉列表中勾选"对象"复选框，或按快捷键Alt+Z，可使两个对象的中心重合。

> **技巧**　在曲线对象之间，用"选择"工具▶或"形状"工具↖选择并移动图形对象上的节点时，选择"查看>贴齐 > 对象"命令可以方便、准确地进行节点间的捕捉对齐。

5.1.4　标尺的设置和使用

标尺可以帮助用户了解对象的当前位置，以便在设计作品时确定作品的精确尺寸。下面介绍标尺的设置和使用方法。

选择"查看 > 标尺"命令，可以显示或隐藏标尺。显示标尺的效果如图5-69所示。

将鼠标指针放在标尺左上角的▣图标上，按住鼠标左键不放并拖曳，出现十字虚线的标尺定位线，如图5-70所示。在需要的位置松开鼠标左键，可以设定新的标尺坐标原点。双击▣图标，可以将标尺还原到原始的位置。

图5-69 图5-70

5.1.5 标注线的绘制

工具箱中共有5种标注工具，它们从上到下依次是"平行度量"工具⬚、"水平或垂直度量"工具⬚、"角度尺度"工具⬚、"线段度量"工具⬚和"2边标注"工具⬚。选择"平行度量"工具⬚，其属性栏如图5-71所示。

图5-71

打开一个图形，如图5-72所示。选择"平行度量"工具⬚，将鼠标指针移动到图形对象的左侧顶部，按住鼠标左键并向下拖曳鼠标指针，将鼠标指针移动到图形对象的底部后松开鼠标左键，再将鼠标指针移动到线段的中间，如图5-73所示。再次单击即可完成标注，效果如图5-74所示。使用相同的方法，用其他标注工具为图形对象进行标注，标注完成后的图形效果如图5-75所示。

图5-72 图5-73

图5-74 图5-75

5.1.6 对象的排序

在CorelDRAW 2022中，绘制的对象可能存在着重叠的关系。如果在绘图页面中的同一位置先后绘制两个不同的对象，后绘制的对象将位于先绘制对象的上方。

使用CoreIDRAW 2022的排序功能可以安排多个对象的前后顺序，也可以使用图层来管理对象。

使用"选择"工具选择要进行排序的对象，如图5-76所示。选择"对象 > 顺序"子菜单下的各个命令，如图5-77所示，可对已选中的图形对象进行排序。

图5-76   图5-77

选择"到图层前面"命令，可以将背景图形从当前层移动到绘图页面中其他对象的最前面，效果如图5-78所示。按快捷键Shift+PageUp，也可以完成这个操作。

选择"到图层后面"命令，可以将背景图形从当前层移动到绘图页面中其他对象的最后面，效果如图5-79所示。按快捷键Shift+PageDown，也可以完成这个操作。

选择"向前一层"命令，可以将选定的对象从当前位置向前移一层，效果如图5-80所示。按快捷键Ctrl+PageUp，也可以完成这个操作。

当对象位于前面的位置时，选择"向后一层"命令，可以将选定的对象从当前位置向后移一层，如图5-81所示。按快捷键Ctrl+PageDown，也可以完成这个操作。

图5-78   图5-79   图5-80   图5-81

选择"置于此对象前"命令，可以将选中的对象放置到指定对象的前面。选择"置于此对象前"命令后，鼠标指针变为黑色箭头，单击指定的对象，如图5-82所示，对象被放置到指定对象的前面，效果如图5-83所示。

选择"置于此对象后"命令，可以将选中的对象放置到指定对象的后面。选择"置于此对象后"命令后，鼠标指针变为黑色箭头，单击指定的对象，如图5-84所示，对象被放置到指定对象的后面，效果如图5-85所示。

图5-82   图5-83   图5-84   图5-85

5.2　组合和合并

　　CorelDRAW 2022提供了组合和合并功能，组合功能可以将多个不同的图形对象组合在一起，方便整体操作；合并功能可以将多个图形对象合并在一起，创建出一个新的对象。下面介绍组合和合并的方法与技巧。

5.2.1　课堂案例——绘制风筝插画

案例学习目标 学习使用图形绘制工具、"组合"命令和"焊接"按钮绘制风筝插画。

案例知识要点 使用"多边形"工具、"旋转角度"选项、"椭圆形"工具、"变换"泊坞窗、"形状"工具、"尖突节点"按钮、"焊接"按钮和"组合"命令绘制风筝轮廓。风筝插画效果如图5-86所示。

效果所在位置 学习资源\Ch05\效果\绘制风筝插画.cdr。

图5-86

01 按快捷键Ctrl+N，弹出"创建新文档"对话框，设置文档的宽度为200 mm、高度为200 mm、方向为"横向"、原色模式为CMYK、分辨率为300 dpi，单击OK按钮，新建一个文档。

02 双击"矩形"工具▢，绘制一个与页面大小相等的矩形，如图5-87所示，在"CMYK调色板"中的"朦胧绿"色块上单击，填充图形，并去除图形的轮廓线，效果如图5-88所示。

图5-87　　　　　图5-88

03 选择"多边形"工具◯，在属性栏中的设置如图5-89所示；按住Ctrl键的同时，在适当的位置绘制一个多边形，效果如图5-90所示。设置图形颜色的CMYK值为0、40、60、0，填充图形，效果如图5-91所示。

图5-89

图5-90　　　　　图5-91

04 按数字键盘上的+键，复制多边形。在属性栏的"旋转角度" 框中设置数值为90，如图5-92所示；按Enter键，效果如图5-93所示。按快捷键Ctrl+PageDown，将图形向后移一层，效果如图5-94所示。

图5-92　　　　　　　　图5-93　　　　　　　　图5-94

05 选择"椭圆形"工具◯，按住Ctrl键的同时，在适当的位置绘制一个圆形，设置图形颜色的CMYK值为0、40、60、0，填充图形，效果如图5-95所示。选择"选择"工具▶，按数字键盘上的+键，复制圆形，按住Shift键的同时，垂直向下拖曳复制的圆形到适当的位置，效果如图5-96所示。

图5-95　　　　　　　　图5-96

06 用圈选的方法将所绘制的圆形同时选取，如图5-97所示。按数字键盘上的+键，复制圆形。在属性栏的"旋转角度" 框中设置数值为90，如图5-98所示；按Enter键，效果如图5-99所示。

图5-97　　　　　　　　图5-98　　　　　　　　图5-99

07 使用"选择"工具▶，按住Shift键的同时，单击原图形将其同时选取，如图5-100所示。选择"窗口 > 泊坞窗 > 变换"命令，弹出"变换"泊坞窗，单击"大小"按钮，选项的设置如图5-101所示，单击"应用"按钮，效果如图5-102所示。

图5-100　　　　　　　　图5-101　　　　　　　　图5-102

08 选取上方需要的圆形，如图5-103所示，单击属性栏中的"转换为曲线"按钮 ⟳，将图形转换为曲线，如图5-104所示。

09 选择"形状"工具 ⟨、，在适当的位置双击鼠标添加节点，效果如图5-105所示。选中并拖曳中间的节点到适当的位置，如图5-106所示。单击属性栏中的"尖突节点"按钮 ⤭，分别拖曳节点的控制手柄到适当的位置，调整其弧度，效果如图5-107所示。

图5-103　　　　　图5-104　　　　　图5-105　　　　　图5-106　　　　　图5-107

10 用相同的方法分别调整其他圆形的节点，效果如图5-108所示。选择"选择"工具 ⟨、，按住Shift键的同时，依次单击调整节点后的图形将其同时选取，如图5-109所示。在属性栏的"旋转角度" ⟳ 0.0 ☐ 框中设置数值为45，按Enter键，效果如图5-110所示。

11 用圈选的方法将所绘制的图形同时选取，如图5-111所示，单击属性栏中的"焊接"按钮 ⬚，合并图形，如图5-112所示。

图5-108　　　　　图5-109　　　　　图5-110　　　　　图5-111　　　　　图5-112

12 拖曳合并图形到页面中适当的位置，按F12键，弹出"轮廓笔"对话框，在"颜色"选项中设置轮廓线颜色为白色，其他选项的设置如图5-113所示；单击OK按钮，效果如图5-114所示。

图5-113　　　　　　　　　　　　图5-114

13 选择"贝塞尔"工具 ✒，在适当的位置绘制一个不规则图形，如图5-115所示。设置图形颜色的CMYK值为11、13、11、0，填充图形，并去除图形的轮廓线，效果如图5-116所示。用相同的方法绘制其他不规则图形，并填充相应的颜色，效果如图5-117所示。

图5-115   图5-116   图5-117

14 选择"椭圆形"工具 ◯，按住Ctrl键的同时，在适当的位置绘制一个圆形，设置图形颜色的CMYK值为9、75、67、0，填充图形，效果如图5-118所示。按F12键，弹出"轮廓笔"对话框，在"颜色"选项中设置轮廓线颜色的CMYK值为黑色，其他选项的设置如图5-119所示；单击OK按钮，效果如图5-120所示。用相同的方法绘制其他圆形，并填充相应的颜色，效果如图5-121所示。

图5-118   图5-119   图5-120   图5-121

15 选择"选择"工具 ▸，用圈选的方法将所绘制的图形同时选取，按快捷键Ctrl+G，将其组合，如图5-122所示。按数字键盘上的+键，复制图形。单击属性栏中的"水平镜像"按钮 ⬌，水平翻转图形，效果如图5-123所示。按住Shift键的同时，水平向右拖曳复制的组合图形到适当的位置，效果如图5-124所示。

图5-122   图5-123   图5-124

16 选择"椭圆形"工具 ◯，在适当的位置分别绘制两个椭圆形，如图5-125所示。选择"选择"工具 ▸，用圈选的方法将所绘制的两个椭圆形同时选取，单击属性栏中的"焊接"按钮 ⬚，将两个椭圆形合并为一个图形，效果如图5-126所示。按住Shift键的同时，单击下方黑色不规则图形将其同时选取，如图5-127所示。（为了方便读者观看，这里以白色轮廓显示。）

图5-125   图5-126   图5-127

17 选择"窗口 > 泊坞窗 > 形状"命令，弹出"形状"泊坞窗，在下拉列表中选择"相交"选项，其他设置如图5-128所示。单击"相交对象"按钮，鼠标指针变为🄽时，如图5-129所示，在图形上单击，效果如图5-130所示。

图5-128   图5-129   图5-130

18 保持图形选取状态。设置相交图形颜色的CMYK值为80、10、45、0，填充图形，并去除图形的轮廓线，效果如图5-131所示。用相同的方法绘制其他图形，并填充相应的颜色，效果如图5-132所示。

19 按快捷键Ctrl+I，弹出"导入"对话框，选择学习资源中的"Ch05\素材\绘制风筝插画\01"文件，单击"导入"按钮，在页面中单击导入图形。拖曳导入的图形到适当的位置，效果如图5-133所示。风筝插画绘制完成。

图5-131   图5-132   图5-133

5.2.2 组合对象

绘制几个对象，使用"选择"工具选中要进行组合的对象，如图5-134所示。选择"对象 > 组合 > 组合对象"命令，或按快捷键Ctrl+G，或单击属性栏中的"组合对象"按钮，可以将多个对象进行群组，效果如图5-135所示。选择"选择"工具，按住Ctrl键，单击需要选中的子对象，松开Ctrl键，子对象被选中，效果如图5-136所示。

图5-134　　　　　图5-135　　　　　图5-136

群组后的图形变成一个整体，移动其中一个对象，其他的对象将会随之移动；填充其中一个对象，其他的对象也将被填充。

选择"对象 > 组合 > 取消群组"命令，或按快捷键Ctrl+U，或单击属性栏中的"取消组合对象"按钮，可以取消对象的群组状态。选择"对象 > 组合 > 全部取消组合"命令，或单击属性栏中的"取消组合所有对象"按钮，可以取消所有对象的群组状态。

提示　在群组中，子对象可以是单个的对象，也可以是多个对象组成的群组，这称为群组的嵌套。利用群组的嵌套，可以管理多个对象之间的关系。

5.2.3 合并对象

使用"选择"工具选中要进行合并的对象，如图5-137所示。选择"对象 > 合并"命令，或按快捷键Ctrl+L，或单击属性栏中的"合并"按钮，可以将多个对象合并，效果如图5-138所示。

使用"形状"工具选中合并后的对象，可以对对象的节点进行调整，如图5-139所示，改变对象的形状，效果如图5-140所示。

图5-137　　　　　图5-138　　　　　图5-139　　　　　图5-140

选择"对象 > 拆分曲线"命令，或按快捷键Ctrl+K，可以取消对象的合并状态，原来合并的对象将变为多个单独的对象。

> **提示** 如果对象合并前有颜色填充，那么合并后的对象将显示最后选取对象的颜色。如果是使用圈选的方法选取的对象，将显示圈选框最下方对象的颜色。

课堂练习——制作中秋节海报

练习知识要点 使用"导入"命令导入素材图片，使用"对齐与分布"命令对齐对象，使用"文本"工具、"形状"工具添加并编辑主题文字，效果如图5-141所示。

素材所在位置 学习资源\Ch05\素材\制作中秋节海报\01~03。

效果所在位置 学习资源\Ch05\效果\制作中秋节海报.cdr。

图5-141

课后习题——绘制舞狮贴纸

习题知识要点 使用"椭圆形"工具、"贝塞尔"工具、"水平镜像"按钮、"星形"工具、"组合对象"命令绘制舞狮五官，效果如图5-142所示。

素材所在位置 学习资源\Ch05\素材\绘制舞狮贴纸\01。

效果所在位置 学习资源\Ch05\效果\绘制舞狮贴纸.cdr。

图5-142

第 6 章

编辑文本

本章介绍

CorelDRAW 2022具有强大的文本输入、编辑和处理功能。
在CorelDRAW 2022中，除可以进行常规的文本输入和编辑
外，还可以进行复杂的文本特效处理。通过学习本章内容，
读者可以了解并掌握使用CorelDRAW 2022编辑文本的方法
和技巧。

学习目标

● 掌握创建和编辑文本的方法。

● 熟练掌握"文本"泊坞窗的使用方法。

● 掌握制表位和制表符的设置方法。

● 熟练掌握文本效果的制作方法。

技能目标

● 掌握"女装App引导页"的制作方法。

● 掌握"台历"的制作方法。

● 掌握"美食杂志内页"的制作方法。

● 掌握"女装Banner广告"的制作方法。

6.1 文本的基本操作

在CorelDRAW中，文本是具有特殊属性的对象。下面介绍在CorelDRAW 2022中文本的基本操作。

6.1.1 课堂案例——制作女装App引导页

案例学习目标 学习使用"文本"工具、"文本"泊坞窗制作女装App引导页。

案例知识要点 使用"矩形"工具、"导入"命令和"置于图文框内部"命令制作底图，使用"文本"工具、"文本"泊坞窗添加文字信息。女装App引导页效果如图6-1所示。

效果所在位置 学习资源\Ch06\效果\制作女装App引导页.cdr。

图6-1

01 按快捷键Ctrl+N，弹出"创建新文档"对话框，设置文档的宽度为750 px、高度为1334 px，方向为"纵向"、原色模式为RGB、分辨率为72 dpi，单击OK按钮，新建一个文档。

02 选择"矩形"工具▢，在页面中绘制一个矩形，如图6-2所示，设置图形颜色的RGB值为255、204、204，填充图形，并去除图形的轮廓线，效果如图6-3所示。

图6-2   图6-3

03 按快捷键Ctrl+I，弹出"导入"对话框，选择学习资源中的"Ch06\素材\制作女装App引导页\01"文件，单击"导入"按钮，在页面中单击导入图片。选择"选择"工具▶，拖曳导入的人物图片到适当的位置，效果如图6-4所示。

04 选择"矩形"工具▢，在适当的位置绘制一个矩形，设置轮廓线为白色，并在属性栏的"轮廓宽度"📏 1.0 px ▼框中设置数值为8 px；按Enter键，效果如图6-5所示。

图6-4　　　　　　　　图6-5

05 选择"选择"工具▶，选取下方人物图片，选择"对象 > PowerClip > 置于图文框内部"命令，鼠标指针变为黑色箭头形状，在矩形框上单击，如图6-6所示，将图片置入矩形框中，效果如图6-7所示。

06 选择"文本"工具字，在页面中分别输入需要的文字，选择"选择"工具▶，在属性栏中分别选取适当的字体并设置文字大小，单击"将文本更改为垂直方向"按钮，更改文字方向，效果如图6-8所示。

图6-6　　　　　　　　图6-7　　　　　　　　图6-8

07 选择"文本"工具字，在适当的位置输入需要的文字，选择"选择"工具▶，在属性栏中选取适当的字体并设置文字大小，单击"将文本更改为水平方向"按钮，更改文字方向，效果如图6-9所示。设置文字颜色的RGB值为255、204、204，填充文字，效果如图6-10所示。

图6-9　　　　　　　　图6-10

08 按快捷键Ctrl+T，弹出"文本"泊坞窗，单击"段落"按钮▤，切换到相应的界面中进行设置，如图6-11所示，按Enter键，效果如图6-12所示。在属性栏的"旋转角度"◌◌◦ 框中设置数值为36，按Enter键，效果如图6-13所示。

图6-11

图6-12

图6-13

09 选择"文本"工具字，在适当的位置拖曳出一个文本框，如图6-14所示。在文本框中输入需要的文字，在属性栏中选取适当的字体并设置文字大小，效果如图6-15所示。

图6-14

图6-15

10 在"文本"泊坞窗中，单击"右对齐"按钮▤，其他选项的设置如图6-16所示；按Enter键，效果如图6-17所示。女装App引导页制作完成，效果如图6-18所示。

图6-16

图6-17

图6-18

125

6.1.2 创建文本

CorelDRAW 2022中的文本有两种类型，分别是美术字文本和段落文本。它们在使用方法、编辑格式、特殊效果等方面有很大的区别。

1. 输入美术字文本

选择"文本"工具 字，在绘图页面中单击，出现I形插入光标，在属性栏中，选择字体，设置字号和文本属性，如图6-19所示。设置好后，直接输入美术字文本，效果如图6-20所示。

图6-19 图6-20

2. 输入段落文本

选择"文本"工具 字，在绘图页面中按住鼠标左键不放，沿对角线拖曳，出现一个矩形文本框，松开鼠标左键，文本框如图6-21所示。在属性栏中选择字体，设置字号和文本属性，如图6-22所示。设置好后，直接在文本框中输入段落文本，效果如图6-23所示。

图6-21 图6-22 图6-23

技巧 利用剪切、复制和粘贴等命令，可以将其他文本处理软件中的文本复制到CorelDRAW 2022的文本框中。

3. 转换文本类型

使用"选择"工具 选中美术字文本，如图6-24所示。选择"文本 > 转换为段落文本"命令，或按快捷键Ctrl+F8，可以将其转换为段落文本，如图6-25所示。再次按快捷键Ctrl+F8，可以将段落文本转换为美术字文本。

图6-24

图6-25

6.1.3 改变文本的属性

1. 在属性栏中改变文本的属性

选择"文本"工具字，属性栏如图6-26所示。其中的部分选项、按钮的含义如下。

"字体列表"选项：单击 Arial 右侧的下拉按钮，可以在打开的下拉列表中选取需要的字体。

"字体大小"选项：单击 12 pt 右侧的下拉按钮，可以在打开的下拉列表中选取需要的字号。

B I U：设定字体为粗体、斜体或为文本加下画线。

"文本对齐"按钮：可以在其下拉列表中选择文本的对齐方式。

"编辑文本"按钮：单击该按钮可以打开"编辑文本"对话框，在其中可以编辑文本的各种属性。

"文本"按钮：单击该按钮可以打开"文本"泊坞窗。

/：可以设置文本的排列方式为水平或垂直。

2. 利用"文本"泊坞窗改变文本的属性

单击属性栏中的"文本"按钮，或按快捷键Ctrl+T，即可打开"文本"泊坞窗，如图6-27所示，在其中可以设置文字的字体及大小等属性。

图6-26

图6-27

6.1.4 文本编辑

选择"文本"工具<u>字</u>，在绘图页面的文本中单击插入光标，并按住鼠标左键不放，拖曳鼠标选中需要的文本，松开鼠标左键，即可完成对文本的选取，如图6-28所示。

在属性栏中重新选择字体，如图6-29所示。设置完成后，选中文本的字体被改变，效果如图6-30所示。

图6-28   图6-29   图6-30

选中需要填充颜色的文本，如图6-31所示，在调色板中需要的颜色上单击，可以为选中的文本填充颜色，如图6-32所示。在页面上的任意位置单击，可以取消对文本的选取。

按住Alt键并拖曳文本框，如图6-33所示，可以通过调整文本框的大小改变段落文本的大小，如图6-34所示。

图6-31   图6-32   图6-33   图6-34

选中需要复制的文本，如图6-35所示，按快捷键Ctrl+C，可以将选中的文本复制到剪贴板中。在文本中其他位置单击插入光标，再按快捷键Ctrl+V，可以将剪贴板中的文本粘贴到光标所在的位置，效果如图6-36所示。

图6-35   图6-36

在文本中的任意位置插入光标，如图6-37所示，再按快捷键Ctrl+A，可以将整个文本选中，如图6-38所示。

图6-37　　　　　　　　　　图6-38

选择"选择"工具，选中需要编辑的文本，单击属性栏中的"编辑文本"按钮，或选择"文本 > 编辑文本"命令，或按快捷键Ctrl+Shift+T，弹出"编辑文本"对话框，如图6-39所示。

在"编辑文本"对话框中，利用上面的选项可以设置文本的属性，在中间的文本栏中可以输入需要的文本。

单击"编辑文本"对话框下面的"选项"按钮，弹出图6-40所示的快捷菜单，可以在其中选择需要的命令来完成编辑文本的操作。

单击"编辑文本"对话框下面的"导入"按钮，弹出图6-41所示的"导入"对话框，可以将需要的文本导入"编辑文本"对话框的文本栏中。

在"编辑文本"对话框中编辑好文本后，单击"确定"按钮，编辑好的文本内容就会出现在绘图页面中。

图6-39　　　　　　图6-40　　　　　　图6-41

6.1.5 文本的导入

有时需要将已编辑好的文本插入页面中，这些编辑好的文本通常是用文本处理软件完成的，使用CorelDRAW 2022的导入功能，可以方便快捷地完成导入文本的操作。

1. 使用剪贴板导入文本

可以借助剪贴板在CorelDRAW 2022与文本处理软件之间剪贴文本，一般可以使用的文本处理软件有Word、WPS等。

在使用Word、WPS等软件打开的文件中选中需要的文本，按快捷键Ctrl+C，将文本复制到剪贴板中。在CorelDRAW 2022中选择"文本"工具，在绘图页面中需要插入文本的位置单击，出现I形光标。按快捷键Ctrl+V，即可将剪贴板中的文本粘贴到光标所在的位置。

在CorelDRAW 2022中选择"文本"工具，在绘图页面中按住鼠标左键并拖曳，绘制出一个文本框。按快捷键Ctrl+V，即可将剪贴板中的文本粘贴到文本框中，完成段落文本的导入。

选择"编辑 > 选择性粘贴"命令，弹出"选择性粘贴"对话框，如图6-42所示。在该对话框中，可以根据需要选择不同的文本导入格式，如图片格式、Word文档格式、纯文本Text格式等。

图6-42

2. 使用菜单命令导入文本

选择"文件 > 导入"命令，或按快捷键Ctrl+I，弹出"导入"对话框，选择需要导入的文本文件，如图6-43所示，单击"导入"按钮。

单击"导入"按钮后会弹出"导入/粘贴文本"对话框，如图6-44所示。如果单击"取消"按钮，可以取消文本的导入；若要导入文本，则选择需要的导入方式，单击OK按钮。

图6-43

图6-44

单击OK按钮后，鼠标指针变成直角图标，如图6-45所示。按住鼠标左键并拖曳，绘制出文本框，如图6-46所示。松开鼠标左键后，导入的文本随即出现在文本框中，如图6-47所示。如果文本框的大小不合适，可以用鼠标拖曳文本框边框的控制手柄调整文本框的大小，如图6-48所示。

提示 如果导入的文本文字太多，绘制的文本框不能容纳这些文字，CorelDRAW 2022会自动增加新页面，并建立相同的文本框，将之前容纳不下的文字放入新文本框，直到全部文本导入完成。

图6-45　　　　　　图6-46　　　　　　图6-47　　　　　　图6-48

6.1.6　更改字体属性

字体属性的修改方法很简单，下面介绍使用"形状"工具修改字体属性的方法和技巧。

在绘图页面中输入美术字文本，效果如图6-49所示。选择"形状"工具，此时每个文字的左下角将出现一个空心节点，效果如图6-50所示。单击第1个字的空心节点，空心节点变为黑色实心节点，如图6-51所示。

在属性栏中选择新的字体，第1个字的字体属性即被改变，效果如图6-52所示。使用相同的方法，改变第6个字的字体属性，效果如图6-53所示。

图6-49　　　　图6-50　　　　图6-51

图6-52　　　　图6-53

6.1.7　复制文本属性

使用复制文本属性的功能可以快速地将具有不同属性的文本设置成具有相同属性的文本。下面具体介绍复制文本属性的方法。

在绘图页面中输入两个具有不同属性的文本，如图6-54所示。选中文本"春暖花开"，如图6-55所示。按住鼠标右键拖曳"春暖花开"文本到"放风筝"文本上，此时鼠标指针变为图标，如图6-56所示。

图6-54

图6-55

图6-56

松开鼠标右键，弹出快捷菜单，选择"复制所有属性"命令，如图6-57所示，即可将"春暖花开"文本的属性复制到"放风筝"文本上，效果如图6-58所示。

图6-57

图6-58

6.1.8 课堂案例——制作台历

案例学习目标 学习使用"文本"工具、"文本"泊坞窗和"制表位"命令制作台历。

案例知识要点 使用"矩形"工具和"复制"命令制作挂环，使用"文本"工具和"制表位"命令制作台历日期，使用"文本"工具和"文本"泊坞窗制作月份，使用"2点线"工具绘制虚线。台历效果如图6-59所示。

效果所在位置 学习资源\Ch06\效果\制作台历.cdr。

图6-59

01 按快捷键Ctrl+N，新建一个A4页面。选择"矩形"工具▢，在页面中绘制一个矩形。按F11键，弹出"编辑填充"对话框，单击"渐变填充"按钮▨，将起点颜色的CMYK值设置为0、0、0、10，终点颜色的CMYK值设置为0、0、0、40，其他选项的设置如图6-60所示。单击OK按钮，填充图形，并去除图形的轮廓线，效果如图6-61所示。

图6-60

图6-61

02 选择"矩形"工具▢，在适当的位置绘制一个矩形，在"CMYK调色板"中的"50%黑"色块上单击，填充图形，并去除图形的轮廓线，效果如图6-62所示。

03 按数字键盘上的+键，复制矩形。选择"选择"工具▮，按住Shift键的同时，垂直向上拖曳复制的矩形到适当的位置；在"CMYK调色板"中的"10%黑"色块上单击，填充图形，效果如图6-63所示。

04 按快捷键Ctrl+I，弹出"导入"对话框，选择学习资源中的"Ch06\素材\制作台历\01"文件，单击"导入"按钮，在页面中单击导入图片。选择"选择"工具▮，拖曳导入的图片到适当的位置并调整其大小，效果如图6-64所示。

05 选择"对象 > PowerClip > 置于图文框内部"命令，此时鼠标指针变为黑色箭头形状，如图6-65所示，在矩形上单击，将图片置入矩形中，效果如图6-66所示。

图6-62　　　　　图6-63　　　　　图6-64　　　　　图6-65　　　　　图6-66

06 选择"矩形"工具▢，在适当的位置绘制矩形，填充图形为黑色，并去除图形的轮廓线，效果如图6-67所示。再绘制一个矩形，设置图形颜色的CMYK值为0、0、0、30，填充图形，并去除图形的轮廓线，效果如图6-68所示。

07 选择"选择"工具 ，选取矩形，将其拖曳到适当的位置并单击鼠标右键，复制图形，效果如图6-69所示。用圈选的方法将需要的图形同时选取，按快捷键Ctrl+G，群组图形，效果如图6-70所示。将群组图形拖曳到适当的位置并单击鼠标右键，复制图形，效果如图6-71所示。连续按快捷键Ctrl+D，复制多个图形，效果如图6-72所示。

图6-67　　　图6-68　　　图6-69　　　图6-70

图6-71　　　　　　　　　　图6-72

08 选择"文本"工具 ，在页面空白处按住鼠标左键不放，拖曳鼠标绘制文本框，如图6-73所示。选择"文本 > 制表位"命令，弹出"制表位设置"对话框，如图6-74所示。

图6-73

图6-74

09 单击对话框左下角的"全部移除"按钮，清空所有的制表位位置点，如图6-75所示。在对话框中的"制表位位置"数值框中输入数值15，连续按8次对话框上面的"添加"按钮，添加8个位置点，如图6-76所示。

图6-75

图6-76

10 单击"对齐"下的下拉按钮 ，选择"中"对齐，如图6-77所示。将8个位置点全部选择"中"对齐，如图6-78所示，单击OK按钮。

图6-77

图6-78

11 将光标置于段落文本框中，按Tab键，输入文字"日"，效果如图6-79所示。按Tab键，光标跳到下一个制表位处，输入文字"一"，如图6-80所示。

图6-79　　　　　　　　　　　　　　　　　图6-80

12 依次输入其他需要的文字，如图6-81所示。按Enter键，将光标换到下一行，按5下Tab键，输入需要的文字，如图6-82所示。用相同的方法依次输入需要的文字，效果如图6-83所示。选取文本框，在属性栏中选择合适的字体并设置文字大小，效果如图6-84所示。

图6-81　　　　　　　　　　　　　　　　　图6-82

图6-83　　　　　　　　　　　　　　　　　图6-84

13 按快捷键Ctrl+T，弹出"文本"泊坞窗，单击"段落"按钮▤，切换到相应的界面中进行设置，如图6-85所示，按Enter键，文字效果如图6-86所示。

图6-85　　　　　　　　　　　　　　图6-86

14 选择"文本"工具，分别选取需要的文字，设置填充颜色的CMYK值为0、100、100、10，填充文字，效果如图6-87所示。选择"选择"工具，向上拖曳文本框下方中间的控制手柄到适当的位置，效果如图6-88所示。

图6-87	图6-88

15 选择"选择"工具，将文本框拖曳到适当的位置，效果如图6-89所示。选择"文本"工具，在页面中分别输入需要的文字，选择"选择"工具，在属性栏中分别选取适当的字体并设置文字大小，效果如图6-90所示。

16 选择"选择"工具，选取需要的文字。在"文本"泊坞窗中，单击"段落"按钮，切换到相应的界面中进行设置，如图6-91所示，按Enter键，文字效果如图6-92所示。设置填充颜色的CMYK值为0、100、100、20，填充文字，效果如图6-93所示。

17 选择"文本"工具，在页面中输入需要的文字，选择"选择"工具，在属性栏中选取适当的字体并设置文字大小，效果如图6-94所示。

图6-89

图6-90

图6-91

图6-92

图6-93

图6-94

18 选择"2点线"工具 ，按住Shift键的同时，绘制直线，效果如图6-95所示。在属性栏的"线条样式" 下拉列表中选择需要的样式，如图6-96所示，效果如图6-97所示。

| 图6-95 | 图6-96 | 图6-97 |

19 选择"选择"工具 ，将虚线拖曳到适当的位置并单击鼠标右键，复制虚线，效果如图6-98所示。向左拖曳虚线左侧中间的控制手柄，调整虚线长度，效果如图6-99所示。

20 选择"选择"工具 ，将虚线拖曳到适当的位置并单击鼠标右键，复制虚线，效果如图6-100所示。台历制作完成，效果如图6-101所示。

| 图6-98 | | 图6-101 |
| 图6-99 | 图6-100 | |

6.1.9 设置间距

输入文本，效果如图6-102所示。使用"形状"工具选中文本，文本的节点处于编辑状态，如图6-103所示。拖曳 图标，可以调整文本中字符的间距；拖曳 图标，可以调整文本中行的间距，调整效果如图6-104所示。按键盘上的方向键，可以对文本位置进行微调。

图6-102　　　　　　　　　图6-103　　　　　　　　　图6-104

按住Shift键，将第二行文字左下角的节点全部选中，如图6-105所示。将鼠标指针放在其中一个黑色的节点上并拖曳鼠标，如图6-106所示，可以将第二行文字移动到需要的位置，效果如图6-107所示。可以使用相同的方法对单个字进行移动。

图6-105　　　　　　　　　图6-106　　　　　　　　　图6-107

> **提示**　单击"文本"工具属性栏中的"文本"按钮，弹出"文本"泊坞窗，在"段落"设置区中，"字符间距"选项可以设置字符的间距，"行间距"选项可以设置行的间距。

6.1.10 设置文本嵌线和上下标

1. 设置文本嵌线

选中需要处理的文本，如图6-108所示。单击属性栏中的"文本"按钮，弹出"文本"泊坞窗，如图6-109所示。

图6-108

图6-109

单击"下画线"按钮U，在弹出的下拉列表中选择需要的线型，如图6-110所示，文本添加下画线的效果如图6-111所示。

图6-110　　　　　　　　　　　　　　　图6-111

选中需要处理的文本，如图6-112所示。在"文本"泊坞窗中单击 按钮，展开更多选项，在"字符删除线" 选项的下拉列表中选择需要的线型，如图6-113所示，文本添加删除线的效果如图6-114所示。

图6-112　　　　　　　　　　图6-113　　　　　　　　　　图6-114

选中需要处理的文本，如图6-115所示。在"字符上画线" 选项的下拉列表中选择需要的线型，如图6-116所示，文本添加上画线的效果如图6-117所示。

图6-115　　　　　　　　　　图6-116　　　　　　　　　　图6-117

2. 设置文本上下标

选中需要制作为上标的文本，如图6-118所示。单击属性栏中的"文本"按钮，弹出"文本"泊坞窗，如图6-119所示。

单击"位置"按钮X，在弹出的下拉列表中选择"上标（自动）"选项，如图6-120所示，效果如图6-121所示。

图6-118   图6-119   图6-120   图6-121

选中需要制作为下标的文本，如图6-122所示。单击"位置"按钮 X², 在弹出的下拉列表中选择"下标（自动）"选项，如图6-123所示，效果如图6-124所示。

图6-122   图6-123   图6-124

3. 设置文本的排列方向

选中需要处理的文本，如图6-125所示。在属性栏中单击"将文本更改为水平方向"按钮 或"将文本更改为垂直方向"按钮 ，可以水平或垂直排列文本，文本垂直排列的效果如图6-126所示。

选择"文本 > 文本"命令，弹出"文本"泊坞窗，在"图文框"设置区中，单击"将文本更改为水平方向"按钮 或"将文本更改为垂直方向"按钮 ，可以设置文本的排列方向，如图6-127所示。

图6-125   图6-126   图6-127

6.1.11 设置制表位和制表符

1. 设置制表位

选择"文本"工具字，在绘图页面中绘制一个段落文本框，上方的标尺上出现多个制表L形滑块，这些滑块就是制表符，如图6-128所示。选择"文本 > 制表位"命令，弹出"制表位设置"对话框，如图6-129所示，在对话框中可以进行制表位的设置。

图6-128

图6-129

在数值框中输入数值或调整数值，可以设置制表位的距离，如图6-130所示。

在"制表位设置"对话框中，单击"对齐"选项，出现制表位对齐方式下拉列表，在其中可以设置字符出现在制表位上的位置，如图6-131所示。

图6-130

图6-131

在"制表位设置"对话框中，选中一个制表位，单击"移除"按钮或"全部移除"按钮，可以删除制表位；单击"添加"按钮，可以增加制表位。设置好制表位后，单击OK按钮，即可完成制表位的设置。

提示 在段落文本框中插入光标，在键盘上按Tab键，每按一次Tab键，插入的光标就会按新设置的制表位移动。

2. 设置制表符

选择"文本"工具，在绘图页面中绘制一个段落文本框，效果如图6-132所示。

在上方的标尺上出现制表符，如图6-133所示。在任意一个制表符上单击鼠标右键，弹出快捷菜单，在快捷菜单中可以选择该制表符的对齐方式，如图6-134所示，也可以对网格、标尺和准线进行设置。

在上方的标尺上拖曳制表符，可以将制表符移动到需要的位置，效果如图6-135所示。在标尺上的任意位置单击，可以添加一个制表符，效果如图6-136所示。将某个制表符拖曳到标尺外，就可以删除该制表符。

图6-132　　　图6-133　　　图6-134　　　图6-135　　　图6-136

6.2 文本效果

在CorelDRAW 2022中，可以根据设计制作任务的需要，制作多种文本效果。下面具体讲解文本效果的制作。

6.2.1 课堂案例——制作美食杂志内页

案例学习目标 学习使用"文本"工具、"栏"命令和"文本"泊坞窗制作美食杂志内页。

案例知识要点 使用"导入"命令、"椭圆形"工具制作图片PowerClip效果，使用"栏"命令制作文字分栏效果，使用"文本"工具、"文本"泊坞窗添加内页文字，使用"矩形"工具、"圆角半径"选项和"文本"工具制作火锅分类模块。美食杂志内页效果如图6-137所示。

效果所在位置 学习资源\Ch06\效果\制作美食杂志内页.cdr。

图6-137

1. 制作杂志内页1

01 按快捷键Ctrl+N，弹出"创建新文档"对话框，设置文档的宽度为420 mm、高度为285 mm、方向为"横向"、原色模式为CMYK、分辨率为300 dpi，单击OK按钮，新建一个文档。

02 选择"布局 > 页面大小"命令，弹出"选项"对话框，选择"页面尺寸"选项，在"出血"框中设置数值为3.0，勾选"显示出血区域"复选框，如图6-138所示，单击OK按钮，页面效果如图6-139所示。

图6-138　　　　　　　　　　　　　　　　　　　　图6-139

03 选择"查看 > 标尺"命令，在视图中显示标尺。选择"选择"工具，从左侧标尺拖曳出一条垂直辅助线，在属性栏中将"X"选项设为210 mm；按Enter键，效果如图6-140所示。

04 选择"椭圆形"工具，在适当的位置绘制一个椭圆形，设置图形颜色的CMYK值为0、75、75、0，填充图形，并去除图形的轮廓线，效果如图6-141所示。

图6-140　　　　　　　　　　　　　　　　　图6-141

05 用相同的方法分别绘制两个椭圆形，并填充相应的颜色，效果如图6-142所示。按快捷键Ctrl+I，弹出"导入"对话框，选择学习资源中的"Ch06\素材\制作美食杂志内页\01"文件，单击"导入"按钮，在页面中单击导入图片。选择"选择"工具，拖曳导入的图片到适当的位置，并调整其大小，效果如图6-143所示。

06 选择"对象 > PowerClip > 置于图文框内部"命令，鼠标指针变为黑色箭头形状，如图6-144所示，在白色椭圆形上单击，将图片置入白色椭圆形中，效果如图6-145所示。

图6-142   图6-143   图6-144   图6-145

07 选择"矩形"工具□，在适当的位置绘制一个矩形，如图6-146所示。选择"选择"工具▶，按住Shift键的同时，将下方椭圆形和图片同时选取，按快捷键Ctrl+G，将其群组，如图6-147所示。

图6-146   图6-147

08 选择"对象 > PowerClip > 置于图文框内部"命令，鼠标指针变为黑色箭头形状，如图6-148所示，在矩形上单击，将群组对象置入矩形中，并去除矩形的轮廓线，效果如图6-149所示。

图6-148   图6-149

09 用相同的方法分别导入其他图片并制作图6-150所示的效果。按快捷键Ctrl+I，弹出"导入"对话框，选择学习资源中的"Ch06\素材\制作美食杂志内页\05"文件，单击"导入"按钮，在页面中单击导入图形。选择"选择"工具▶，拖曳导入的标志图形到适当的位置，效果如图6-151所示。

图6-150   图6-151

10 选择"矩形"工具▭，在适当的位置绘制一个矩形，如图6-152所示。按F11键，弹出"编辑填充"对话框，单击"渐变填充"按钮▨，将起点颜色的CMYK值设为18、96、100、0，终点颜色的CMYK值设为0、75、75、0，其他选项的设置如图6-153所示；单击OK按钮，填充图形，并去除图形的轮廓线，效果如图6-154所示。

图6-152

图6-153

图6-154

11 选择"文本"工具🔤，在页面中输入需要的文字，选择"选择"工具▸，在属性栏中选取适当的字体并设置文字大小，填充文字为白色，效果如图6-155所示。

图6-155

12 选择"文本"工具🔤，在适当的位置输入需要的文字，选择"选择"工具▸，在属性栏中选取适当的字体并设置文字大小。设置文字颜色的CMYK值为18、96、100、0，填充文字，效果如图6-156所示。

13 按快捷键Ctrl+I，弹出"导入"对话框，选择学习资源中的"Ch06\素材\制作美食杂志内页\06"文件，单击"导入"按钮，在页面中单击导入图片。选择"选择"工具▸，拖曳导入的图片到适当的位置，并调整其大小，效果如图6-157所示。在属性栏的"旋转角度"⊙ 0.0 框中设置数值为45，按Enter键，效果如图6-158所示。

图6-156

图6-157　　　　　　　　　　　　图6-158

14 选择"文本"工具 字，在适当的位置拖曳出一个文本框，如图6-159所示。在文本框中输入需要的文字，选择"选择"工具，在属性栏中选取适当的字体并设置文字大小。设置文字颜色的CMYK值为18、96、100、0，填充文字，效果如图6-160所示。

图6-159

图6-160

15 按快捷键Ctrl+T，弹出"文本"泊坞窗，单击"两端对齐"按钮，其他选项的设置如图6-161所示；按Enter键，效果如图6-162所示。

图6-161

图6-162

16 选择"文本 > 栏"命令，弹出"栏设置"对话框，各选项的设置如图6-163所示；单击OK按钮，效果如图6-164所示。

图6-163

图6-164

17 选择"矩形"工具▢，在页面下方适当的位置绘制一个矩形，设置图形颜色的CMYK值为1、82、87、0，填充图形，并去除图形的轮廓线，效果如图6-165所示。

18 选择"文本"工具字，在适当的位置输入需要的文字，选择"选择"工具▸，在属性栏中选取适当的字体并设置文字大小，填充文字为白色，效果如图6-166所示。

图6-165　　　　　　　　　　　　图6-166

19 在"文本"泊坞窗中，选项的设置如图6-167所示；按Enter键，效果如图6-168所示。

图6-167　　　　　　　　　　　　图6-168

2. 制作杂志内页2

01 选择"矩形"工具▢，在适当的位置绘制一个矩形，设置图形颜色的CMYK值为18、96、100、0，填充图形，并去除图形的轮廓线，效果如图6-169所示。再绘制一个矩形，填充图形为白色，并去除图形的轮廓线，效果如图6-170所示。

图6-169　　　　　　　　　　　　图6-170

02 保持图形选取状态。在属性栏中将白色矩形的左上角、右下角和左下角、右上角的"圆角半径"选项分别设为4.0 mm和0 mm，如图6-171所示；按Enter键，效果如图6-172所示。选择"文本"工具字，在适当的位置输入需要的文字，选择"选择"工具，在属性栏中选取适当的字体并设置文字大小；在"CMYK调色板"中的"红"色块上单击，填充文字，效果如图6-173所示。

图6-171

图6-172　　图6-173

03 选择"文本"工具字，在适当的位置拖曳出一个文本框，如图6-174所示。在文本框中输入需要的文字，选择"选择"工具，在属性栏中选取适当的字体并设置文字大小，填充文字为白色，效果如图6-175所示。

图6-174　　图6-175

04 在"文本"泊坞窗中，选项的设置如图6-176所示；按Enter键，效果如图6-177所示。

图6-176

图6-177

05 用相同的方法制作其他文字，效果如图6-178所示。按快捷键Ctrl+I，弹出"导入"对话框，选择学习资源中的"Ch06\素材\制作美食杂志内页\06~08"文件，单击"导入"按钮，在页面中分别单击导入图片。选择"选择"工具，分别拖曳图片到适当的位置，调整其大小和角度，效果如图6-179所示。

图6-178

图6-179

06 选择"椭圆形"工具 ◯，按住 Ctrl 键的同时，在适当的位置绘制一个圆形，如图6-180所示。按F12键，弹出"轮廓笔"对话框，在"颜色"选项中设置轮廓线颜色的CMYK值为18、96、100、0，其他选项的设置如图6-181所示；单击OK按钮，效果如图6-182所示。

图6-180

图6-181

图6-182

07 选择"矩形"工具 ▢，在适当的位置绘制一个矩形，设置图形颜色的CMYK值为18、96、100、0，填充图形，并去除图形的轮廓线，效果如图6-183所示。

08 按快捷键Ctrl+I，弹出"导入"对话框，选择学习资源中的"Ch06\素材\制作美食杂志内页\09"文件，单击"导入"按钮，在页面中单击导入图片。选择"选择"工具 ▯，拖曳导入的图片到适当的位置，并调整其大小，效果如图6-184所示。

图6-183

图6-184

09 连续按快捷键Ctrl+PageDown，将图片向后移至适当的位置，效果如图6-185所示。按住Shift键的同时，单击上方红色矩形将其同时选取，如图6-186所示。

图6-185

图6-186

10 选择"对象 > PowerClip > 置于图文框内部"命令，鼠标指针变为黑色箭头形状，如图6-187所示，在红色圆环上单击，将图片和红色矩形置入红色圆环中，效果如图6-188所示。

11 选择"文本"工具🄵，在适当的位置输入需要的文字，选择"选择"工具🄴，在属性栏中选取适当的字体并设置文字大小，填充文字为白色，效果如图6-189所示。

图6-187　　　　　　　　　图6-188　　　　　　　　　图6-189

12 用相同的方法分别导入其他图片并制作图6-190所示的效果。美食杂志内页制作完成，效果如图6-191所示。

图6-190　　　　　　　　　　　图6-191

6.2.2 设置首字下沉和项目符号

1. 设置首字下沉

在绘图页面中选中一个段落文本，效果如图6-192所示。选择"文本 > 首字下沉"命令，弹出"首字下沉"对话框，勾选"使用首字下沉"复选框，其他选项设置如图6-193所示。

单击OK按钮，各段落首字下沉效果如图6-194所示。勾选"首字下沉使用悬挂式缩进"复选框，单击OK按钮，悬挂式缩进首字下沉效果如图6-195所示。

图6-192　　　　　　　　　　图6-193

图6-194　　　　　　　　　　图6-195

2. 设置项目符号

在绘图页面中选中一个段落文本，效果如图6-196所示。选择"文本 > 项目符号和编号"命令，弹出"项目符号和编号"对话框，勾选"列表"复选框，选中"项目符号"单选按钮，如图6-197所示。

图6-196　　　　　　　　　　　　　　　　　　　图6-197

在对话框的类型设置区的"字体"选项中可以设置字体的类型；在"字形"选项中可以选择项目符号样式；在"大小和间距"设置区的"大小"选项中可以设置字符的大小；在"基线位移"选项中可以设置基线的距离；在"到列表文本的字形"选项中可以设置字形符号与文本之间的距离。在"文本框到列表"选项中可以设置文本框与字形符号之间的距离。

设置需要的选项，如图6-198所示。单击OK按钮，即可在段落文本中添加项目符号，效果如图6-199所示。

图6-198　　　　　　　　　　　　　　　　　图6-199

在段落文本中需要另起一段的位置插入光标，如图6-200所示。按Enter键，项目符号会自动添加在新段落的前面，效果如图6-201所示。

图6-200　　　　　　　　　　　　　　图6-201

6.2.3 文本绕路径排列

选择"文本"工具字，在绘图页面中输入美术字文本。使用"椭圆形"工具〇绘制一个椭圆路径，选中美术字文本，效果如图6-202所示。

选择"文本 > 使文本适合路径"命令，鼠标指针变为⤳图标，将其放在椭圆路径上，文本自动绕路径排列，如图6-203所示，单击确定操作，效果如图6-204所示。

图6-202　　　　　　　　图6-203　　　　　　　　图6-204

选中绕路径排列的文本，如图6-205所示，其属性栏如图6-206所示。

图6-205　　　　　　　　　　　　　　图6-206

在属性栏中可以设置"文字方向""与路径的距离""偏移"选项，设置这些选项可以产生多种文本绕路径排列的效果，如图6-207所示。

图6-207

6.2.4 对齐文本

选择"文本"工具字，在绘图页面中输入段落文本，单击属性栏中的"文本对齐"按钮▤，弹出其下拉列表，其中共有6种对齐方式，如图6-208所示。

选择"文本 > 文本"命令，弹出"文本"泊坞窗，单击"段落"按钮▤，切换到相应的界面，单击右上方的⚙按钮，在弹出的菜单中选择"调整"命令，打开"间距设置"对话框，在该对话框中可以选择文本的对齐方式，如图6-209所示。"水平对齐"下拉列表中各选项的含义如下。

图6-208　　　　　　　　　　图6-209

"无"选项：它是CorelDRAW 2022默认的文本对齐方式。选择该选项将不对文本产生影响，文本可以自由地变换，但无对齐方式时，文本的边界会参差不齐。

"左"选项：选择"左"选项后，段落文本会与文本框的左边界对齐。

"中"选项：选择"中"选项后，段落文本会在文本框中居中。

"右"选项：选择"右"选项后，段落文本会与文本框的右边界对齐。

"两端对齐"选项：选择"两端对齐"选项后，段落文本会同时对齐文本框的左右边界。

"强制两端对齐"选项：选择"强制两端对齐"选项后，可以对段落文本的所有格式强制进行两端对齐调整。

选中进行过移动调整的文本，如图6-210所示，选择"文本 > 对齐至基线"命令，可以将文本重新对齐，效果如图6-211所示。

图6-210　　　　　　　　　　图6-211

6.2.5　内置文本

选择"文本"工具，在绘图页面中输入段落文本，使用"贝塞尔"工具绘制一个图形，选中段落文本，效果如图6-212所示。

图6-212

用鼠标右键拖曳文本到图形内，当鼠标指针变为十字形的圆环图标时，松开鼠标右键，弹出快捷菜单，选择"内置文本"命令，如图6-213所示，文本被置入图形内，效果如图6-214所示。选择"文本 > 段落文本框 > 使文本适合框架"命令，可以使段落文本和图形进行适配，效果如图6-215所示。

图6-213   图6-214   图6-215

6.2.6 段落文字的连接

在文本框中，经常出现文本被遮住而不能完全显示的问题，如图6-216所示。此时可以通过调整文本框的大小来使文本完全显示，也可以通过多个文本框的连接来使文本完全显示。

选择"文本"工具 字，单击文本框下部的 ▼ 图标，鼠标指针变为 图形状，在页面中按住鼠标左键不放，沿对角线拖曳鼠标，绘制一个新的文本框，如图6-217所示。松开鼠标左键，在新绘制的文本框中显示出之前被遮住的文字，效果如图6-218所示。拖曳文本框到适当的位置，如图6-219所示。

图6-216

图6-217

图6-218

图6-219

6.2.7 段落分栏

选择一个段落文本，如图6-220所示。选择"文本 > 栏"命令，弹出"栏设置"对话框，将"栏数"设置为"2"，"栏间宽度"设置为"8mm"，如图6-221所示。设置好后，单击OK按钮，段落文本被分为两栏，效果如图6-222所示。

图6-220 　　　　　　　　　　　　　　图6-221 　　　　　　　　　　　　　图6-222

6.2.8 文本绕图

CorelDRAW 2022提供了多种文本绕图的形式，应用好文本绕图可以使作品更加生动美观。

选中需要文本绕图的位图，如图6-223所示，在属性栏中单击"文本换行"按钮，在弹出的下拉列表中选择需要的文本绕图方式，如图6-224所示，文本绕图效果如图6-225所示。在"文本换行偏移"选项的数值框中可以设置文本换行偏移的距离。

图6-223 　　　　　　　　　　图6-224 　　　　　　　　　图6-225

6.2.9 课堂案例——制作女装Banner广告

案例学习目标 学习使用"文本"工具、"转换为曲线"按钮制作女装Banner广告。

案例知识要点 使用"文本"工具、"文本"泊坞窗添加标题文字，使用"转换为曲线"按钮、"形状"工具、"多边形"工具编辑标题文字。女装Banner广告效果如图6-226所示。

效果所在位置 学习资源\Ch06\效果\制作女装Banner广告.cdr。

图6-226

155

01 按快捷键Ctrl+N，弹出"创建新文档"对话框，设置文档的宽度为750 px、高度为360 px、方向为"横向"、原色模式为RGB、分辨率为72 dpi，单击OK按钮，新建一个文档。

02 双击"矩形"工具□，绘制一个与页面大小相等的矩形，如图6-227所示，设置图形颜色的RGB值为255、132、0，填充图形，并去除图形的轮廓线，效果如图6-228所示。

图6-227　　　　　　　　　　　　　　　图6-228

03 使用"矩形"工具□，在适当的位置绘制一个矩形，并在属性栏的"轮廓宽度" ⬦ 1.0 px 框中设置数值为2 px；按Enter键，效果如图6-229所示，在"RGB调色板"中的"黄"色块上单击，填充图形，效果如图6-230所示。

图6-229　　　　　　　　　　　　　　　图6-230

04 按数字键盘上的+键，复制矩形。向右上角微调复制的矩形到适当的位置，效果如图6-231所示。用相同的方法再绘制一个矩形，并填充相应的颜色，效果如图6-232所示。

图6-231　　　　　　　　　　　　　　　图6-232

05 按快捷键Ctrl+I，弹出"导入"对话框，选择学习资源中的"Ch06\素材\制作女装Banner广告\01、02"文件，单击"导入"按钮，在页面中分别单击导入图片。选择"选择"工具▶，分别拖曳导入的图片到适当的位置，并调整其大小，效果如图6-233所示。

06 选择"文本"工具，在页面中输入需要的文字，选择"选择"工具▶，在属性栏中选取适当的字体并设置文字大小，填充文字为白色，效果如图6-234所示。

图6-233

图6-234

07 选择"文本 > 文本"命令，在弹出的"文本"泊坞窗中进行设置，如图6-235所示；按Enter键，效果如图6-236所示。

图6-235

图6-236

08 按快捷键Ctrl+Q，将文本转换为曲线，如图6-237所示。选择"形状"工具，按住Shift键的同时，用圈选的方法将需要的节点同时选取，效果如图6-238所示。按Delete键，删除选中的节点，如图6-239所示。

图6-237

图6-238

图6-239

09 选择"多边形"工具，在属性栏中的设置如图6-240所示，在适当的位置绘制一个三角形，如图6-241所示。

图6-240

图6-241

10 保持图形选取状态。设置图形颜色的RGB值为255、132、0，填充图形，并去除图形的轮廓线，效果如图6-242所示。在属性栏的"旋转角度"框中设置数值为90，按Enter键，效果如图6-243所示。

图6-242

图6-243

11 选择"形状"工具 ，选取文字"流"，编辑状态如图6-244所示，在不需要的节点上双击，删除节点，效果如图6-245所示。用相同的方法分别调整其他文字的节点和控制线，效果如图6-246所示。

图6-244

图6-245

图6-246

12 选择"矩形"工具 ，在适当的位置绘制一个矩形，填充图形为黑色，并去除图形的轮廓线，效果如图6-247所示。

13 选择"文本"工具 ，在适当的位置输入需要的文字，选择"选择"工具 ，在属性栏中选取适当的字体并设置文字大小；在"RGB调色板"中的"黄"色块上单击，填充文字，效果如图6-248所示。

图6-247

图6-248

14 按快捷键Ctrl+I，弹出"导入"对话框，选择学习资源中的"Ch06\素材\制作女装Banner广告\03"文件，单击"导入"按钮，在页面中单击导入图形和文字。选择"选择"工具 ，拖曳导入的图形和文字到适当的位置，效果如图6-249所示。女装Banner广告制作完成，效果如图6-250所示。

图6-249

图6-250

6.2.10　插入字形

选择"文本"工具 字 ，在文本中需要插入字形的位置单击插入光标，如图6-251所示。选择"文本 > 字形"命令，或按快捷键Ctrl+F11，弹出"字形"泊坞窗，在需要的字形上双击，或选中需要的字形后单击"复制"按钮，如图6-252所示，然后在贝面中粘贴即可。插入文本中的字形效果如图6-253所示。

图6-251　　　　　　　图6-252　　　　　　　图6-253

6.2.11　将文字转换为曲线

使用CorelDRAW 2022编辑好美术文本后，通常需要把文本转换为曲线。转换后既可以对美术文本任意变形，又可以使转换为曲线后的文本对象不丢失其文本格式。具体操作步骤如下。

使用"选择"工具 选中文本，如图6-254所示。选择"对象 > 转换为曲线"命令，或按快捷键Ctrl+Q，即可将文本转换为曲线，如图6-255所示。之后可用"形状"工具 对曲线文本进行编辑，并修改文本的形状。

图6-254　　　　　　　　　　　　图6-255

6.2.12　创建文字

应用CorelDRAW 2022的独特功能，可以轻松地创建出计算机字库中没有的汉字，方法其实很简单，下面介绍具体的创建方法。

使用"文本"工具 字 输入两个具有要创建文字所需偏旁的汉字，如图6-256所示。使用"选择"工具 选取文字，如图6-257所示。按快捷键Ctrl+Q，将文字转换为曲线，效果如图6-258所示。

图6-256　　　　　　　　　　图6-257　　　　　　　　　　图6-258

按快捷键Ctrl+K，将转换为曲线的文字打散，使用"选择"工具▶选取所需偏旁，如图6-259所示。将其移动到要创建文字的位置，进行组合，效果如图6-260所示。

组合好新文字后，用"选择"工具▶圈选新文字，按快捷键Ctrl+G，将新文字群组，如图6-261所示。新文字就制作完成了，效果如图6-262所示。

图6-259

图6-260

图6-261

图6-262

课堂练习——制作咖啡招贴

练习知识要点 使用"导入"命令和PowerClip命令制作背景效果，使用"矩形"工具和"复制"命令绘制装饰图形，使用"文本"工具和"文本"泊坞窗添加宣传文字，效果如图6-263所示。

素材所在位置 学习资源\Ch06\素材\制作咖啡招贴\01。

效果所在位置 学习资源\Ch06\效果\制作咖啡招贴.cdr。

图6-263

课后习题——制作网站标志

习题知识要点 使用"椭圆形"工具、"轮廓笔"工具绘制圆环，使用"文本"工具、"转换为曲线"命令和"形状"工具添加并编辑文字，使用"字形"命令插入需要的字形，效果如图6-264所示。

素材所在位置 学习资源\Ch06\素材\制作网站标志\01。

效果所在位置 学习资源\Ch06\效果\制作网站标志.cdr。

图6-264

第 7 章

编辑位图

本章介绍

CorelDRAW 2022提供了强大的位图编辑功能。本章将介绍导入和转换位图、位图滤镜的使用等知识。通过学习本章内容，读者可以了解并掌握如何应用CorelDRAW 2022的强大功能来处理和编辑位图。

学习目标

●掌握位图的导入和转换方法。

●掌握运用特效滤镜编辑和处理位图的方法。

技能目标

●掌握"课程公众号封面首图"的制作方法。

7.1 导入并转换位图

CorelDRAW 2022提供了导入位图和将矢量图转换为位图的功能，下面介绍导入位图和将矢量图转换为位图的具体操作方法。

7.1.1 导入位图

选择"文件 > 导入"命令，或按快捷键Ctrl+I，弹出"导入"对话框，在对话框左侧列表中选择文件所在的文件夹，在文件夹中选中需要导入的位图文件，如图7-1所示。

选中需要的位图文件后，单击"导入"按钮，此时鼠标指针变为厂图标，如图7-2所示。在绘图页面中单击，即可将位图导入绘图页面中，如图7-3所示。

图7-1

图7-2

图7-3

7.1.2 将矢量图转换为位图

CorelDRAW 2022提供了将矢量图转换为位图的功能。下面介绍具体的操作方法。

打开一个矢量图并保持其选中状态，选择"位图 > 转换为位图"命令，弹出"转换为位图"对话框，如图7-4所示。

分辨率：在弹出的下拉列表中选择要转换为位图的分辨率。

颜色模式：在弹出的下拉列表中选择要转换为位图的色彩模式。

图7-4

光滑处理：可以在转换成位图后消除位图的锯齿。

透明背景：可以在转换成位图后保留原对象的通透性。

在对话框中设置相关选项后，单击OK按钮，即可将矢量图转换为位图。

7.2 使用滤镜

　　CorelDRAW 2022提供了多种滤镜，用于对位图进行各种效果的处理。灵活使用位图的滤镜，可以为设计的作品增色不少。下面具体介绍滤镜的使用方法。

7.2.1 课堂案例——制作课程公众号封面首图

【案例学习目标】学习使用"点彩派"命令、"添加杂点"命令、"亮度"命令和"文本"工具制作课程公众号封面首图。

【案例知识要点】使用"导入"命令、"点彩派"命令和"添加杂点"命令添加和编辑背景图片，使用"亮度"命令调整图片色调，使用"矩形"工具和"置于图文框内部"命令制作PowerClip效果，使用"文本"工具添加宣传文字。课程公众号封面首图效果如图7-5所示。

【效果所在位置】学习资源\Ch07\效果\制作课程公众号封面首图.cdr。

图7-5

01 按快捷键Ctrl+N，弹出"创建新文档"对话框，设置文档的宽度为900 px、高度为383 px、方向为"横向"、原色模式为RGB、分辨率为72 dpi，单击OK按钮，新建一个文档。

02 按快捷键Ctrl+I，弹出"导入"对话框，选择学习资源中的"Ch07\素材\制作课程公众号封面首图\01"文件，单击"导入"按钮，在页面中单击导入图片。选择"选择"工具，拖曳导入的图片到适当的位置，效果如图7-6所示。

03 选择"效果 > 艺术笔触 > 点彩派"命令，在弹出的对话框中进行设置，如图7-7所示；单击OK按钮，效果如图7-8所示。

图7-6

图7-7

图7-8

04 选择"效果 > 杂点 > 添加杂点"命令,在弹出的对话框中进行设置,如图7-9所示;单击OK按钮,效果如图7-10所示。

图7-9   图7-10

05 选择"效果 > 调整 > 亮度"命令,在弹出的对话框中进行设置,如图7-11所示;单击OK按钮,效果如图7-12所示。

图7-11   图7-12

06 双击"矩形"工具▢,绘制一个与页面大小相等的矩形,如图7-13所示。按快捷键Shift+PageUp,将矩形移至图层前面,效果如图7-14所示。(为了方便读者观看,这里以白色显示。)

图7-13   图7-14

07 选择"选择"工具▸,选取下方风景图片,选择"对象 > PowerClip > 置于图文框内部"命令,鼠标指针变为黑色箭头形状,在矩形框上单击,如图7-15所示,将风景图片置入矩形框中,并去除图形的轮廓线,效果如图7-16所示。

图7-15   图7-16

08 选择"文本"工具🔠，在页面中分别输入需要的文字，选择"选择"工具�，在属性栏中分别选取适当的字体并设置文字大小，填充文字为白色，效果如图7-17所示。选择"文本"工具🔠，选取英文字母PS，在属性栏中选取适当的字体，效果如图7-18所示。

图7-17

图7-18

09 选择"矩形"工具▢，在适当的位置绘制一个矩形，填充图形为白色，并去除图形的轮廓线，如图7-19所示。在属性栏中单击"倒棱角"按钮◹，将白色矩形左上角、右下角和左下角、右上角的"圆角半径"选项分别设为20 px和0 px，如图7-20所示；按Enter键，效果如图7-21所示。

图7-19

图7-20

图7-21

10 选择"文本"工具🔠，在适当的位置输入需要的文字，选择"选择"工具▲，在属性栏中选取适当的字体并设置文字大小，效果如图7-22所示。设置文字颜色的RGB值为0、51、51，填充文字，效果如图7-23所示。

图7-22

图7-23

11 选择"文本 > 文本"命令，在弹出的"文本"泊坞窗中进行设置，如图7-24所示，按Enter键，效果如图7-25所示。课程公众号封面首图制作完成，效果如图7-26所示。

图7-24

图7-25

图7-26

7.2.2 三维效果

选中导入的位图，选择"效果 > 三维效果"命令，打开的"三维效果"子菜单如图7-27所示。CorelDRAW 2022提供了7种不同的三维效果，下面介绍其中常用的三维效果。

图7-27

1. 三维旋转

选择"效果 > 三维效果 > 三维旋转"命令，弹出"三维旋转"对话框，单击对话框中的⬚按钮，显示对照预览窗口，如图7-28所示，上方窗口显示的是位图原始效果，下方窗口显示的是完成各项设置后的位图效果。

对话框中各选项、按钮等的含义如下。

图7-28

🔺：拖曳该图标，可以设定图像的旋转角度。

"垂直"选项：可以设置绕垂直轴旋转的角度。

"水平"选项：可以设置绕水平轴旋转的角度。

"最适合"复选框：勾选该复选框后，经过三维旋转后的位图尺寸将接近原来的位图尺寸。

"预览"复选框：勾选该复选框后，可以预览设置后的三维旋转效果。

重置：重新设置所有参数。

⬚：全屏预览完成各项设置之前和之后的图像。

⬚：全屏预览完成各项设置后的图像。

⬚：拆分预览完成各项设置之前和之后的图像。

🔍/🔍：放大或缩小显示图像。

🔍：显示适合窗口大小的图像。

✋：可以拖动、平移图像。

2. 柱面

选择"效果 > 三维效果 > 柱面"命令，弹出"柱面"对话框，如图7-29所示，单击对话框中的⬚按钮，可显示对照预览窗口。

对话框中选项的含义如下。

"柱面模式"选项：可以选择"水平"或"垂直的"模式。

"百分比"选项：可以设置"水平"或"垂直的"模式的百分比。

图7-29

3. 卷页

选择"效果 > 三维效果 > 卷页"命令，弹出"卷页"对话框，如图7-30所示，单击对话框中的▣按钮，可显示对照预览窗口。

对话框中选项的含义如下。

▦：4个卷页类型按钮，可以设置位图卷起页角的位置。

"方向"选项：可以选择"垂直的"或"水平"选项，用于设置卷页效果的卷起边缘。

"纸"选项："不透明"和"透明的"两个单选按钮可以用来设置卷页部分是否透明。

"卷曲度"选项：可以设置卷页的颜色。

"背景颜色"选项：可以设置卷页后面的背景颜色。

"宽度"选项：可以设置卷页的宽度。

"高度"选项：可以设置卷页的高度。

图7-30

4. 球面

选择"效果 > 三维效果 > 球面"命令，弹出"球面"对话框，如图7-31所示，单击对话框中的▣按钮，可显示对照预览窗口。

对话框中选项的含义如下。

"优化"选项：可以选择"速度"或"质量"选项。

"百分比"选项：可以控制位图球面化的程度。

▨：用来在预览窗口中设定变形的中心点。

图7-31

7.2.3 艺术笔触

选中导入的位图，选择"效果 > 艺术笔触"命令，打开的"艺术笔触"子菜单如图7-32所示。CorelDRAW 2022提供了15种不同的艺术笔触效果，下面介绍常用的艺术笔触效果。

图7-32

1. 炭笔画

选择"效果 > 艺术笔触 > 炭笔画"命令，弹出"木炭"对话框，单击对话框中的☑按钮，显示对照预览窗口，如图7-33所示。

对话框中选项的含义如下。

"大小"选项：可以设置位图炭笔画的像素大小。

"边缘"选项：可以设置位图炭笔画的黑白度。

2. 印象派

选择"效果 > 艺术笔触 > 印象派"命令，弹出"印象派"对话框，如图7-34所示，单击对话框中的☑按钮，可显示对照预览窗口。

图7-33   图7-34

对话框中选项的含义如下。

"样式"选项：可选择"笔触"或"色块"选项，不同的样式会产生不同的印象派效果。

"笔触"选项：可以设置印象派效果的笔触大小及其强度。

"着色"选项：可以调整印象派效果的颜色，数值越大，颜色越深。

"亮度"选项：可以对印象派效果的亮度进行调节。

3. 调色刀

选择"效果 > 艺术笔触 > 调色刀"命令，弹出"调色刀"对话框，如图7-35所示，单击对话框中的☑按钮，可显示对照预览窗口。

对话框中选项的含义如下。

"刀片尺寸"选项：可以设置笔触的锋利程度，数值越小，笔触越锋利，位图的刻画效果越明显。

"柔软边缘"选项：可以设置笔触的坚硬程度，数值越大，位图的刻画效果越平滑。

"角度"选项：可以设置笔触的角度。

4. 素描

选择"效果 > 艺术笔触 > 素描"命令，弹出"素描"对话框，如图7-36所示，单击对话框中的 按钮，可显示对照预览窗口。

对话框中选项的含义如下。

"铅笔类型"选项：可选择"碳色"或"颜色"类型，不同的铅笔类型会产生黑白或彩色的位图素描效果。

"样式"选项：可以设置从粗糙到精细的画面效果。数值越大，画面越精细。

"笔芯"选项：可以设置笔芯颜色深浅的变化。数值越大，笔芯越软，画面越精细。

"轮廓"选项：可以设置轮廓的清晰程度。数值越大，轮廓越清晰。

图7-35

图7-36

7.2.4 模糊

选中导入的位图，选择"效果 > 模糊"命令，打开的"模糊"子菜单如图7-37所示。CorelDRAW 2022提供了12种不同的模糊效果，下面介绍其中常用的模糊效果。

图7-37

1. 高斯式模糊

选择"效果 > 模糊 > 高斯式模糊"命令，弹出"高斯式模糊"对话框，单击对话框中的 按钮，可显示对照预览窗口，如图7-38所示。

对话框中选项的含义如下。

"半径"选项：可以设置高斯式模糊的程度。

2. 缩放

选择"效果 > 模糊 > 缩放"命令，弹出"缩放"对话框，如图7-39所示，单击对话框中的☑按钮，可显示对照预览窗口。

对话框中选项的含义如下。

⬆: 单击该按钮后，在左边的原始图像预览框中单击，可以确定缩放模糊的中心点。

"数量"选项：可以设定图像的模糊程度。

图7-38

图7-39

7.2.5 轮廓图

选中导入的位图，选择"效果 > 轮廓图"命令，打开的"轮廓图"子菜单如图7-40所示。CorelDRAW 2022提供了4种不同的轮廓图效果，下面介绍其中常用的轮廓图效果。

图7-40

1. 边缘检测

选择"效果 > 轮廓图 > 边缘检测"命令，弹出"边缘检测"对话框，单击对话框中的☑按钮，显示对照预览窗口，如图7-41所示。

对话框中选项的含义如下。

"背景色"选项：用来设定图像的背景颜色为白色、黑色或其他颜色。

🖊: 单击该按钮后，可以在位图中吸取背景色。

"灵敏度"选项：用来设定探测边缘的灵敏度。

2. 查找边缘

选择"效果 > 轮廓图 > 查找边缘"命令，弹出"查找边缘"对话框，如图7-42所示，单击对话框中的☑按钮，可显示对照预览窗口。

图7-41

图7-42

对话框中选项的含义如下。

"边缘类型"选项：有"软"和"纯色"两种类型，选择不同的边缘类型，可以得到不同的效果。

"层次"选项：可以设定效果的纯度。

7.2.6　创造性

选中导入的位图，选择"效果 > 创造性"命令，打开的"创造性"子菜单如图7-43所示。CorelDRAW 2022提供了11种不同的创造性效果，下面介绍其中常用的创造性效果。

图7-43

1. 框架

选择"效果 > 创造性 > 框架"命令，弹出"图文框"对话框，切换到"修改"选项卡，单击对话框中的按钮，可显示对照预览窗口，如图7-44所示。

该对话框中包含如下两个选项卡。

"选择"选项卡：用来选择框架，并为选择的列表添加新框架。

"修改"选项卡：用来对框架进行修改。此选项卡中部分选项的含义如下。

◆ "水平"和"垂直"选项：用来设定框架的比例大小。

◆ "旋转"选项：用来设定框架的旋转角度。

◆ "颜色"和"不透明"选项：分别用来设定框架的颜色和不透明度。

◆ "模糊/羽化"选项：用来设定框架边缘的模糊及羽化程度。

◆ "调和"选项：用来设定框架与图像之间的混合方式。

◆ "翻转"选项：用来将框架垂直或水平翻转。

◆ "对齐"选项：用来设定框架效果的中心点。

◆ "回到中心位置"选项：用来重新设定中心点。

2. 马赛克

选择"效果 > 创造性 > 马赛克"命令，弹出"马赛克"对话框，如图7-45所示，单击对话框中的 按钮，可显示对照预览窗口。

对话框中选项的含义如下。

"大小"选项：设置马赛克图像的大小。

"背景色"选项：设置马赛克图像的背景颜色。

"虚光"选项：为马赛克图像添加模糊的羽化框架。

图7-44

图7-45

3. 彩色玻璃

选择"效果 > 创造性 > 彩色玻璃"命令，弹出"彩色玻璃"对话框，如图7-46所示，单击对话框中的 按钮，可显示对照预览窗口。

对话框中选项的含义如下。

"大小"选项：设定彩色玻璃块的大小。

"光源强度"选项：设定彩色玻璃块的光源强度。光源强度越小，效果越暗；光源强度越大，效果越亮。

"焊接宽度"选项：设定玻璃块焊接处的宽度。

"焊接颜色"选项：设定玻璃块焊接处的颜色。

"三维照明"选项：显示彩色玻璃图像的三维照明效果。

4. 虚光

选择"效果 > 创造性 > 虚光"命令，弹出"虚光"对话框，如图7-47所示，单击对话框中的 按钮，可显示对照预览窗口。

对话框中选项的含义如下。

"颜色"选项：设定光照的颜色。

"形状"选项：设定光照的形状。

"偏移"选项：设定框架的大小。

"褪色"选项：设定图像与虚光框架的混合程度。

图7-46　　　　　　　　　　　　　　　　图7-47

7.2.7　扭曲

选中导入的位图，选择"效果 > 扭曲"命令，打开的"扭曲"子菜单如图7-48所示。CorelDRAW 2022提供了12种不同的扭曲效果，下面介绍常用的扭曲效果。

图7-48

1. 块状

选择"效果 > 扭曲 > 块状"命令，弹出"块状"对话框，单击对话框中的按钮，可显示对照预览窗口，如图7-49所示。

对话框中选项的含义如下。

"块宽度"和"块高度"选项：设定块状图像的尺寸大小。

"最大偏移量"选项：设定块状图像的打散程度。

"未定义区域"选项：在其下拉列表中可以设定背景部分的颜色。

2. 置换

选择"效果 > 扭曲 > 置换"命令，弹出"置换"对话框，如图7-50所示，单击对话框中的按钮，可显示对照预览窗口。

对话框中选项的含义如下。

"缩放模式"选项：可以选择"平铺"或"伸展适合"模式。

：在其下拉列表中可以选择置换的图形。

图7-49　　　　　　　　　　　　　　　图7-50

3. 像素

选择"效果 > 扭曲 > 像素"命令，弹出"像素"对话框，如图7-51所示，单击对话框中的⬚按钮，可显示对照预览窗口。

对话框中选项的含义如下。

"像素化模式"选项：可以使图像产生由正方形、矩形或射线组成的像素效果。当选择"射线"模式时，可以在预览窗口中设定像素化的中心点。

"宽度"和"高度"选项：设定像素色块的大小。

"不透明"选项：设定像素色块的不透明度。数值越小，色块越透明。

4. 龟纹

选择"效果 > 扭曲 > 龟纹"命令，弹出"龟纹"对话框，如图7-52所示，单击对话框中的⬚按钮，可显示对照预览窗口。

对话框中选项的含义如下。

"周期"和"振幅"选项：默认的波纹是与图像的顶端和底端平行的。拖曳滑块，可以设定波纹的周期和振幅，在对话框上方可以看到波纹的形状。

图7-51　　　　　　　　　　　　　　　图7-52

课堂练习——制作美食宣传海报

练习知识要点 使用"导入"命令添加素材图片，使用"矩形"工具、"添加杂点"命令、"蚀刻"命令、"转换为曲线"按钮、"形状"工具制作底图，使用"透明度"工具为图片添加半透明效果，使用"色度/饱和度/亮度"命令调整图片色调，使用"文本"工具、"文本"泊坞窗添加宣传性文字，效果如图7-53所示。

素材所在位置 学习资源\Ch07\素材\制作美食宣传海报\01~10。

效果所在位置 学习资源\Ch07\效果\制作美食宣传海报.cdr。

图7-53

课后习题——制作护肤品广告

习题知识要点 使用"导入"命令添加素材图片，使用"色度/饱和度/亮度"命令、"亮度"命令调整图片色调，使用"文本"工具、"文本"泊坞窗、"字形"命令添加宣传语，使用"矩形"工具、"圆角半径"选项、"渐变填充"按钮绘制装饰图形，效果如图7-54所示。

素材所在位置 学习资源\Ch07\素材\制作护肤品广告\01~05。

效果所在位置 学习资源\Ch07\效果\制作护肤品广告.cdr。

图7-54

第 8 章

应用特殊效果

本章介绍

CorelDRAW 2022提供了多种特殊效果工具和命令，使用这些工具和命令，可以制作出丰富的图形特效。通过学习本章内容，读者可以了解并掌握如何使用CorelDRAW 2022强大的特殊效果功能制作出丰富多彩的图形特效。

学习目标

● 掌握创建PowerClip对象的方法。

● 了解色调的调整技巧。

● 熟练掌握特殊效果的使用方法。

技能目标

● 掌握"霜降节气海报"的制作方法。

● 掌握"旅游公众号封面首图"的制作方法。

● 掌握"阅读平台推广海报"的制作方法。

8.1 PowerClip和色调的调整

在CorelDRAW 2022中，使用PowerClip命令可以将一个对象内置于一个容器对象中。内置的对象可以是任意对象，但容器对象必须是创建的封闭路径。使用色调调整相关命令可以调整图形的色调。下面具体讲解如何在容器对象中置入图形对象，以及如何调整图形的色调。

8.1.1 课堂案例——制作霜降节气海报

案例学习目标 学习使用PowerClip命令和"文本"工具制作霜降节气海报。

案例知识要点 使用"椭圆形"工具、"高斯式模糊"命令、"导入"命令、"置于图文框内部"命令制作图框剪裁效果，使用"文本"工具、"文本"泊坞窗添加标题文字。霜降节气海报效果如图8-1所示。

效果所在位置 学习资源\Ch08\效果\制作霜降节气海报.cdr。

图8-1

01 按快捷键Ctrl+O，弹出"打开绘图"对话框，选择学习资源中的"Ch08\素材\制作霜降节气海报\01"文件，单击"打开"按钮，打开文件，效果如图8-2所示。

02 选择"椭圆形"工具○，按住Ctrl键的同时，在适当的位置绘制一个圆形，填充图形为白色，并去除图形的轮廓线，效果如图8-3所示。按快捷键Ctrl+C，复制图形（此图形作为备用）。

图8-2

图8-3

03 选择"效果 > 模糊 > 高斯式模糊"命令，在弹出的对话框中进行设置，如图8-4所示；单击OK按钮，效果如图8-5所示。

图8-4

图8-5

04 按快捷键Ctrl+V，粘贴（备用）图形，在"CMYK调色板"中的"黑"色块上单击鼠标右键，填充图形轮廓线，效果如图8-6所示。

05 按快捷键Ctrl+I，弹出"导入"对话框，选择学习资源中的"Ch08\素材\制作霜降节气海报\02"文件，单击"导入"按钮，在页面中单击导入图片；选择"选择"工具，拖曳图片到适当的位置并调整其大小，效果如图8-7所示。按快捷键Ctrl+PageDown，将图形向后移一层，效果如图8-8所示。

图8-6

图8-7

图8-8

06 选择"对象 > PowerClip > 置于图文框内部"命令，鼠标指针变为黑色箭头形状，在圆形上单击，如图8-9所示，将图片置入圆形中，效果如图8-10所示。

07 按快捷键Ctrl+I，弹出"导入"对话框，选择学习资源中的"Ch08\素材\制作霜降节气海报\03、04"文件，单击"导入"按钮，在页面中分别单击导入图片；选择"选择"工具，分别拖曳图片到适当的位置并调整其大小，效果如图8-11所示。选取"霜降"文字下方的图片，如图8-12所示。

图8-9

图8-10

图8-11

图8-12

08 选择"对象 > PowerClip > 置于图文框内部"命令,鼠标指针变为黑色箭头形状,在文字上单击,如图8-13所示,将图片置入文字中,效果如图8-14所示。

图8-13

图8-14

09 选择"文本"工具 字,在适当的位置输入需要的文字,选择"选择"工具 ,在属性栏中选取适当的字体并设置文字大小,效果如图8-15所示。

10 选择"文本 > 文本"命令,在弹出的"文本"泊坞窗中进行设置,如图8-16所示;按Enter键,效果如图8-17所示。

图8-15

图8-16

图8-17

11 按快捷键Ctrl+I,弹出"导入"对话框,选择学习资源中的"Ch08\素材\制作霜降节气海报\05"文件,单击"导入"按钮,在页面中单击导入图片;选择"选择"工具 ,拖曳图片到适当的位置并调整其大小,效果如图8-18所示。

12 选择"文本"工具 字,在适当的位置分别输入需要的文字,选择"选择"工具 ,在属性栏中分别选取适当的字体并设置文字大小,单击"将文本更改为垂直方向"按钮 ,更改文字方向,效果如图8-19所示。选取左侧文字"霜降",填充文字为白色,效果如图8-20所示。

图8-18

图8-19

图8-20

13 选取右侧的文字，在"文本"泊坞窗中进行选项的设置，如图8-21所示；按Enter键，效果如图8-22所示。霜降节气海报制作完成，效果如图8-23所示。

图8-21

图8-22

图8-23

8.1.2 PowerClip效果

打开一张图片，再绘制一个图形作为容器对象，使用"选择"工具选中要用来内置的图片，如图8-24所示。选择"对象 > PowerClip > 置于图文框内部"命令，鼠标指针变为黑色箭头，将箭头放在容器对象内，如图8-25所示。此时单击即可完成图框的精确剪裁，效果如图8-26所示。内置图片的中心和容器对象的中心是重合的。

图8-24

图8-25

图8-26

选择"对象 > PowerClip > 提取内容"命令，可以将容器对象内的内置位图提取出来。

选择"对象 > PowerClip > 编辑PowerClip"命令，可以修改容器对象内的内置位图。

选择"对象 > PowerClip > 完成编辑PowerClip"命令，完成内置位图的重新编辑。

选择"对象 > PowerClip > 复制PowerClip自"命令，鼠标指针变为黑色箭头，将箭头放在图框精确剪裁对象上并单击，可复制内置对象。

8.1.3 调整亮度

打开一个图形，如图8-27所示。选择"效果 > 调整 > 亮度"命令，或按快捷键Ctrl+B，弹出"亮体"对话框，按住鼠标左键拖曳滑块可以设置各选项的数值，如图8-28所示。设置完成后，单击OK按钮，图形色调的调整效果如图8-29所示。

图8-27　　　　　　　　图8-28　　　　　　　　图8-29

"亮体"对话框中各选项及部分按钮的含义如下。

"亮度"选项：可以调整图形颜色的深浅变化，也就是增加或减少所有像素值的色调范围。

"对比"选项：可以调整图形颜色的对比，也就是调整最浅和最深像素值之间的差。

"强度"选项：可以调整图形浅色区域的亮度，同时不降低深色区域的亮度。

"阴影"选项：可以对图形阴影区域的亮度进行调整。

"高光"选项：可以对图形高光区域的亮度进行调整。

"中间调"选项：可以对图形中间调的亮度进行调整。

：显示对照预览窗口。

"预览"复选框：可以预览对象色调的调整效果。

"重置"按钮：可以重新调整对象色调。

8.1.4 调整颜色平衡

打开一个图形，如图8-30所示。选择"效果 > 调整 > 颜色平衡"命令，或按快捷键Ctrl+Shift+B，弹出"颜色平衡"对话框，按住鼠标左键拖曳滑块可以设置各选项的数值，如图8-31所示。设置完成后，单击OK按钮，图形色调的调整效果如图8-32所示。

图8-30   图8-31   图8-32

"颜色平衡"对话框中各选项及部分按钮的含义如下。

: 采样一个应为中性灰的图像区域来调整颜色。

"保持亮度"复选框：可以在对图形进行颜色调整的同时保持图形的亮度。

"三向色"设置区：可以对"灰度层次""中间色调""高光"的颜色进行调整。

"主对象"设置区：可以对主对象的颜色通道进行调整。

"阴影"设置区：可以对图形阴影区域的颜色进行调整。

"中间色调"设置区：可以对图形中间色调的颜色进行调整。

"高光"设置区：可以对图形高光区域的颜色进行调整。

"青－红"选项：可以在图形中添加青色和红色。向右移动滑块将添加红色，向左移动滑块将添加青色。

"品红－绿"选项：可以在图形中添加品红色和绿色。向右移动滑块将添加绿色，向左移动滑块将添加品红色。

"黄－蓝"选项：可以在图形中添加黄色和蓝色。向右移动滑块将添加蓝色，向左移动滑块将添加黄色。

8.1.5 调整色度、饱和度和亮度

打开一个图形，如图8-33所示。选择"效果 > 调整 > 色度/饱和度/亮度"命令，或按快捷键Ctrl+Shift+U，弹出"色调/饱和度/亮度"对话框，按住鼠标左键拖曳滑块可以设置各选项的数值，如图8-34所示。设置完成后，单击OK按钮，图形色调的调整效果如图8-35所示。

"色调/饱和度/亮度"对话框中各选项的含义如下。

"通道"设置区：可以选择要调整的主要颜色。

"色度"选项：可以改变图形的颜色。

"饱和度"选项：可以改变图形颜色的深浅程度。

"亮度"选项：可以改变图形的明暗程度。

图8-33　　　　　　　　　　　　图8-34　　　　　　　　　　　　图8-35

8.2 特殊效果

　　在CorelDRAW 2022中，使用特殊效果工具和命令可以制作出丰富的图形特效。下面具体介绍常用的特殊效果工具和命令。

8.2.1 课堂案例——制作旅游公众号封面首图

案例学习目标 学习使用"透明度"工具、"阴影"工具、"封套"工具和"轮廓图"工具制作旅游公众号封面首图。

案例知识要点 使用"导入"命令、"矩形"工具和"透明度"工具制作底图，使用"文本"工具、"封套"工具制作文字变形效果，使用"阴影"工具为文字添加阴影效果，使用"矩形"工具和"轮廓图"工具制作轮廓化效果。旅游公众号封面首图如图8-36所示。

效果所在位置 学习资源\Ch08\效果\制作旅游公众号封面首图.cdr。

图8-36

01 按快捷键Ctrl+N，弹出"创建新文档"对话框，设置文档的宽度为900 px、高度为383 px、方向为"横向"、原色模式为RGB、分辨率为72 dpi，单击OK按钮，新建一个文档。

02 按快捷键Ctrl+I，弹出"导入"对话框，选择学习资源中的"Ch08\素材\制作旅游公众号封面首图\01"文件，单击"导入"按钮，在页面中单击导入图片，如图8-37所示。按P键，使图片在页面中居中对齐，效果如图8-38所示。

图8-37   图8-38

03 双击"矩形"工具▢，绘制一个与页面大小相等的矩形，按快捷键Shift+PageUp，将矩形移至图层前面，如图8-39所示。设置图形颜色的RGB值为102、153、255，填充图形，并去除图形的轮廓线，效果如图8-40所示。

图8-39   图8-40

04 选择"透明度"工具▨，在属性栏中单击"均匀透明度"按钮▣，其他选项的设置如图8-41所示；按Enter键，透明效果如图8-42所示。

图8-41

图8-42

05 选择"文本"工具，在页面中输入需要的文字，选择"选择"工具，在属性栏中选取适当的字体并设置文字大小，填充文字为白色，效果如图8-43所示。

图8-43

06 选择"封套"工具，文字外围出现封套的控制点和控制线，如图8-44所示，在属性栏中单击"直线模式"按钮，其他选项的设置如图8-45所示。向下拖曳文字"世"下方的控制点到适当的位置，变形效果如图8-46所示。

图8-44　　　　　　　　　　图8-45　　　　　　　　　　图8-46

07 选择"阴影"工具，在文字对象中从上向下进行拖曳，为文字添加阴影效果，在属性栏中的设置如图8-47所示；按Enter键，效果如图8-48所示。

图8-47　　　　　　　　　　　　　　　　图8-48

08 用相同的方法输入其他文字，并添加封套和阴影效果，如图8-49所示。选择"矩形"工具，在适当的位置绘制一个矩形，在"RGB调色板"中的"40%黑"色块上单击鼠标右键，填充图形轮廓线，效果如图8-50所示。

图8-49　　　　　　　　　　　　　　图8-50

09 选择"轮廓图"工具，在属性栏中单击"外部轮廓"按钮，在"轮廓色"选项中设置轮廓线颜色为"黑色"，其他选项的设置如图8-51所示；按Enter键，效果如图8-52所示。

图8-51　　　　　　　　　　　　　　图8-52

10 选择"文本"工具⬚，在适当的位置输入需要的文字，选择"选择"工具⬚，在属性栏中选取适当的字体并设置文字大小。在"RGB调色板"中的"黄"色块上单击，填充文字，效果如图8-53所示。旅游公众号封面首图制作完成，效果如图8-54所示。

图8-53

图8-54

8.2.2 透明度效果

使用"透明度"工具⬚可以制作出均匀、渐变、图案和底纹等多种漂亮的透明度效果。

打开一个图形，使用"选择"工具⬚选中要添加透明度效果的图形，如图8-55所示。选择"透明度"工具⬚，在属性栏中可以选择一种透明度效果类型，这里单击"均匀透明度"按钮⬚，相关选项的设置如图8-56所示，图形的透明度效果如图8-57所示。

图8-55

图8-56

图8-57

"透明度"工具属性栏中各选项及按钮的含义如下。

"无透明度"按钮⬚：可以清除对象中的透明度效果。

⬚⬚⬚⬚⬚、常规⬚：可以从中选择透明度类型和合并模式。

"透明度"选项⬚50⬚：拖曳滑块或直接输入数值，可以改变对象的透明度。

透明度目标选项⬚⬚⬚：设置应用透明度效果到"全部""填充""轮廓"。

"冻结透明度"按钮⬚：冻结当前视图的透明度效果。

"复制透明度"按钮⬚：可以复制对象的透明度效果。

"编辑透明度"按钮⬚：可以打开"编辑透明度"对话框，对各种类型的透明度进行具体设置。

8.2.3 阴影效果

阴影效果是经常使用的一种特效，使用"阴影"工具◻可以快速给图形添加阴影效果，还可以设置阴影的透明度、角度、位置、颜色和羽化程度。下面介绍如何制作阴影效果。

打开一个图形，使用"选择"工具▷选中要添加阴影效果的图形，如图8-58所示。选择"阴影"工具◻，将鼠标指针放在图形上，按住鼠标左键并向阴影投射的方向拖曳，如图8-59所示。拖曳到需要的位置后松开鼠标左键，阴影效果如图8-60所示。

图8-58　　　　　　　　　　　图8-59　　　　　　　　　　　图8-60

拖曳阴影控制线上的▭图标，可以调节阴影的浓淡。拖曳时▭越靠近⊠图标，阴影越淡，效果如图8-61所示。拖曳时▭越靠近■图标，阴影越浓，效果如图8-62所示。

图8-61　　　　　　　　　　　图8-62

"阴影"工具属性栏如图8-63所示。其中部分选项及按钮的含义如下。

"预设列表"选项 预设... ▾：可以从中选择需要的预设阴影效果。单击预设框后面的 + 或 − 按钮，可以保存或删除"预设列表"中的阴影效果。

"阴影颜色"选项 ■ ▾：可以改变阴影的颜色。

"阴影不透明度"选项 ▨ 50 + ：可以设置阴影的不透明度。

"阴影羽化"选项 ◗ 15 + ：可以设置阴影的羽化程度。

"羽化方向"按钮 ▣：可以设置阴影的羽化方向。单击此按钮可弹出"羽化方向"下拉列表，如图8-64所示。

"羽化边缘"按钮 ▣：可以设置阴影的羽化边缘模式。单击此按钮可弹出"羽化边缘"下拉列表，如图8-65所示。

"阴影偏移"选项 ▤ 0.0 mm / 0.0 mm ▾ 、"阴影角度"选项 ▱ 90 + ：可以设置阴影的偏移位置和角度。

"阴影延展"选项 ◪ 100 + 、"阴影淡出"选项 ▱ 0 + ：可以调整阴影的长度和边缘的淡化程度。

图8-63　　　　　　　　　　　图8-64　　　　　图8-65

8.2.4 轮廓图效果

轮廓图效果是由图形中心向内部或者外部放射的层次效果,它由多个同心线圈组成。下面介绍如何制作轮廓图效果。

绘制一个图形,如图8-66所示。选择"轮廓图"工具,在图形轮廓上方的节点上按住鼠标左键,并向内拖曳至需要的位置,松开鼠标左键,效果如图8-67所示。

图8-66　　　　　　　　图8-67

"轮廓图"工具属性栏如图8-68所示。其中部分选项及按钮的含义如下。

图8-68

"预设列表"选项 预设... ▾ :可以从中选择系统预设的样式。

"到中心"按钮 :可以根据设置的偏移值一直向内创建轮廓图,效果如图8-69所示。

"内部轮廓"按钮 和"外部轮廓"按钮 :可以使对象产生向内或向外的轮廓图。

（a）内部轮廓　　　　　（b）到中心　　　　　（c）外部轮廓

图8-69

"轮廓图步长"选项 1 和"轮廓图偏移"选项 3.231 mm :可以设置轮廓图步长数和轮廓间的距离,如图8-70和图8-71所示。

"轮廓色"选项 ■▾ :可以设置最内一圈轮廓线的颜色。

"填充色"选项 ■▾ :可以设置轮廓图的颜色。

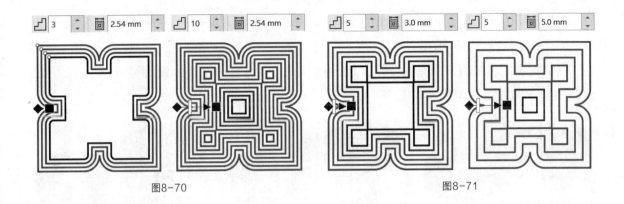

图8-70   图8-71

8.2.5 调和效果

"调和"工具是CorelDRAW 2022中应用较广泛的工具。制作调和效果可以在对象间产生形状、颜色的平滑变化。下面具体讲解调和效果的制作方法。

打开两个要制作调和效果的图形，如图8-72所示。选择"调和"工具，将鼠标指针放在左边的图形上，此时鼠标指针变为，按住鼠标左键并拖曳到右边的图形上，如图8-73所示。松开鼠标左键，两个图形的调和效果如图8-74所示。

图8-72   图8-73   图8-74

"调和"工具属性栏如图8-75所示。其中部分选项及按钮的含义如下。

图8-75

"调和步长"选项 20：可以设置调和的步长数，效果如图8-76所示。

"调和方向"选项 0.0：可以设置调和的旋转角度，效果如图8-77所示。

图8-76   图8-77

"环绕调和"按钮⊘：除调和对象自身旋转外，同时将以起点对象和终点对象的中间位置为旋转中心做旋转分布，如图8-78所示。

"直接调和"按钮⊘、"顺时针调和"按钮⊘、"逆时针调和"按钮⊘：设置调和对象之间颜色过渡的方向，效果如图8-79所示。

图8-78 　　　　　　　　　　（a）顺时针调和　　　　　（b）逆时针调和
　　　　　　　　　　　　　　　　　　　　图8-79

"对象和颜色加速"按钮⊘：调整对象和颜色的加速属性。单击此按钮，弹出图8-80所示的面板，分别拖曳滑块到需要的位置，对象加速调和效果如图8-81所示，颜色加速调和效果如图8-82所示。

图8-80 　　　　　　　　图8-81 　　　　　　　　图8-82

"调整加速大小"按钮⊘：可以设置调和的加速属性。

"起始和结束属性"按钮⊞：可以显示或重新设置调和的起始及终止对象。

"路径属性"按钮⊞：使调和对象沿绘制好的路径分布。单击此按钮会弹出图8-83所示的下拉列表，选择"新建路径"选项，鼠标指针变为✔，在新绘制的路径上单击，如图8-84所示。沿路径进行调和的效果如图8-85所示。

图8-83 　　　　　　　　图8-84 　　　　　　　　图8-85

"更多调和选项"按钮⊘：可以进行更多的调和设置。单击此按钮，会弹出图8-86所示的下拉列表。选择"映射节点"选项，可指定起始对象的某一节点与终止对象的某一节点对应，以产生特殊的调和效果。选择"拆分"选项，可将过渡对象分割成独立的对象，并且分割后的单个对象可与其他对象进行再次调和。选择"沿全路径调和"选项，可以使调和对象自动充满整个路径。选择"旋转全部对象"选项，可以使调和对象的方向与路径一致。

图8-86

8.2.6 课堂案例——制作阅读平台推广海报

案例学习目标 学习使用"立体化"工具、"阴影"工具、"调和"工具制作阅读平台推广海报。

案例知识要点 使用"文本"工具、"文本"泊坞窗添加标题文字，使用"立体化"工具为标题文字添加立体化效果，使用"矩形"工具、"圆角半径"选项、"调和"工具制作调和效果，使用"导入"命令导入图形元素，使用"阴影"工具为文字所在的矩形添加阴影效果。阅读平台推广海报效果如图8-87所示。

效果所在位置 学习资源\Ch08\效果\制作阅读平台推广海报.cdr。

图8-87

01 按快捷键Ctrl+N，弹出"创建新文档"对话框，设置文档的宽度为1242 px、高度为2208 px、方向为"纵向"、原色模式为RGB、分辨率为72 dpi，单击OK按钮，新建一个文档。

02 双击"矩形"工具▢，绘制一个与页面大小相等的矩形，如图8-88所示，设置图形颜色的RGB值为5、138、74，填充图形，并去除图形的轮廓线，效果如图8-89所示。

03 按数字键盘上的+键，复制矩形。选择"选择"工具▶，向右拖曳矩形左边中间的控制手柄到适当的位置，调整其大小，如图8-90所示。设置图形颜色的RGB值为250、178、173，填充图形，效果如图8-91所示。

图8-88   图8-89   图8-90   图8-91

04 选择"文本"工具字，在页面中输入需要的文字，选择"选择"工具▶，在属性栏中选取适当的字体并设置文字大小，填充文字为白色，效果如图8-92所示。

05 选择"文本 > 文本"命令，在弹出的"文本"泊坞窗中进行设置，如图8-93所示；按Enter键，效果如图8-94所示。

图8-92　　　　　　图8-93　　　　　　图8-94

06 按F12键，弹出"轮廓笔"对话框，在"颜色"选项中设置轮廓线颜色的RGB值为102、102、102，其他选项的设置如图8-95所示；单击OK按钮，效果如图8-96所示。

图8-95　　　　　　　　　　图8-96

07 选择"立体化"工具❀，按住鼠标左键，由文字中心向右上方拖曳，在属性栏中单击"立体化颜色"按钮，在弹出的面板中单击"使用纯色"按钮，设置立体化效果颜色的RGB值为255、219、211，其他选项的设置如图8-97所示；按Enter键，效果如图8-98所示。

图8-97　　　　　　　　图8-98

08 选择"矩形"工具▢，在适当的位置绘制一个矩形，如图8-99所示。在属性栏中单击"倒棱角"按钮▢，将矩形右下角和其余三个角的"圆角半径"选项分别设为100 px和0 px，其他选项的设置如图8-100所示；按Enter键，效果如图8-101所示。

图8-99

图8-100

图8-101

09 填充图形为白色，效果如图8-102所示。按数字键盘上的+键，复制矩形。选择"选择"工具 ，向右下方拖曳复制的矩形到适当的位置，效果如图8-103所示。

图8-102

图8-103

10 选择"调和"工具 ，在两个矩形之间拖曳鼠标添加调和效果，在属性栏中进行图8-104所示的设置；按Enter键，效果如图8-105所示。

图8-104

图8-105

11 选择"矩形"工具 ，在适当的位置绘制一个矩形，如图8-106所示。在属性栏中单击"倒棱角"按钮 ，将矩形右下角和其余三个角的"圆角半径"选项分别设为100 px和0 px，其他选项的设置如图8-107所示；按Enter键，效果如图8-108所示。

图8-106

图8-107

图8-108

12 保持图形选取状态。设置图形颜色的RGB值为250、178、173，填充图形，效果如图8-109所示。选择"手绘"工具 ，在适当的位置绘制一条斜线，效果如图8-110所示。

图8-109

图8-110

13 按F12键，弹出"轮廓笔"对话框，在"颜色"选项中设置轮廓线颜色为黑色，其他选项的设置如图8-111所示；单击OK按钮，效果如图8-112所示。

图8-111   图8-112

14 选择"选择"工具，按数字键盘上的+键，复制斜线。按住Shift键的同时，水平向左拖曳复制的斜线到适当的位置，效果如图8-113所示。向内拖曳左下角的控制手柄到适当的位置，调整斜线长度，效果如图8-114所示。

15 选择"文本"工具，在适当的位置输入需要的文字，选择"选择"工具，在属性栏中选取适当的字体并设置文字大小，单击"将文本更改为垂直方向"按钮，更改文字方向，效果如图8-115所示。

图8-113   图8-114   图8-115

16 选择"文本"工具，在适当的位置输入需要的文字，选择"选择"工具，在属性栏中选取适当的字体并设置文字大小，单击"将文本更改为水平方向"按钮，更改文字方向，效果如图8-116所示。在"文本"泊坞窗中，如图8-117所示设置选项；按Enter键，效果如图8-118所示。

图8-116   图8-117   图8-118

17 选择"文本"工具，在适当的位置输入需要的文字，选择"选择"工具，在属性栏中选取适当的字体并设置文字大小，效果如图8-119所示。在"文本"泊坞窗中，如图8-120所示设置选项；按Enter键，效果如图8-121所示。

图8-119

图8-120

图8-121

18 选择"选择"工具，选取之前绘制的斜线，如图8-122所示，按数字键盘上的+键，复制斜线。向右拖曳复制的斜线到适当的位置，效果如图8-123所示。

图8-122

图8-123

19 按快捷键Ctrl+I，弹出"导入"对话框，选择学习资源中的"Ch08\素材\制作阅读平台推广海报\01"文件，单击"导入"按钮，在页面中单击导入图片；选择"选择"工具，拖曳图片到适当的位置，效果如图8-124所示。

20 选择"矩形"工具，在适当的位置绘制一个矩形，在"RGB调色板"中的"10%黑"色块上单击，填充图形，并去除图形的轮廓线，效果如图8-125所示。再绘制一个矩形，填充图形为白色，并去除图形的轮廓线，效果如图8-126所示。

图8-124

图8-125

图8-126

21 选择"阴影"工具，按住鼠标左键，在白色矩形中从上向下拖曳，为矩形添加阴影效果，属性栏中的设置如图8-127所示；按Enter键，效果如图8-128所示。

图8-127　　　　　　　　　　　　　　图8-128

22 选择"矩形"工具，在适当的位置绘制一个矩形，如图8-129所示，选择"文本"工具，在适当的位置分别输入需要的文字，选择"选择"工具，在属性栏中分别选取适当的字体并设置文字大小，效果如图8-130所示。

图8-129　　　　　　　　　　　　　　图8-130

23 选择"手绘"工具，按住Ctrl键的同时，在适当的位置绘制一条直线，如图8-131所示，按F12键，弹出"轮廓笔"对话框，在"颜色"选项中设置轮廓线颜色为黑色，其他选项的设置如图8-132所示；单击OK按钮，效果如图8-133所示。阅读平台推广海报制作完成，效果如图8-134所示。

图8-131　　　　　图8-132　　　　　图8-133　　　图8-134

8.2.7　变形效果

使用"变形"工具，可以方便地对图形进行变形操作。对图形进行变形操作后可以产生不规则的图形外观，变形后的图形效果更加奇特。

选择"变形"工具，其属性栏如图8-135所示，属性栏中提供了3种变形方式："推拉变形"、"拉链变形"和"扭曲变形"。

图8-135

1. 推拉变形

绘制一个图形，如图8-136所示。选择"变形"工具，单击属性栏中的"推拉变形"按钮，在图形上按住鼠标左键并向左拖曳，如图8-137所示，松开鼠标左键，图形推拉变形的效果如图8-138所示。

图8-136　　　　　　图8-137　　　　　　图8-138

在属性栏的"推拉振幅"框中，可以输入数值来控制推拉变形的幅度。"推拉振幅"的范围为-200~200。单击"居中变形"按钮，可以将变形的中心移至图形的中心。单击"转换为曲线"按钮，可以将图形转换为曲线。

2. 拉链变形

绘制一个图形，如图8-139所示。选择"变形"工具，单击属性栏中的"拉链变形"按钮，在图形上按住鼠标左键并向右上方拖曳，如图8-140所示，松开鼠标左键，图形拉链变形的效果如图8-141所示。

图8-139　　　　　　图8-140　　　　　　图8-141

在属性栏的"拉链频率"框中，可以输入数值调整变化图形时锯齿的深度。单击"随机变形"按钮，可以随机地变化图形锯齿的深度。单击"平滑变形"按钮，可以将图形锯齿的尖角变成圆弧。单击"局限变形"按钮，在图形中拖曳鼠标，可以将图形锯齿的局部进行变形。

3. 扭曲变形

绘制一个图形，效果如图8-142所示。选择"变形"工具，单击属性栏中的"扭曲变形"按钮，在图形中按住鼠标左键并向左拖曳，如图8-143所示，松开鼠标左键，图形扭曲变形的效果如图8-144所示。

在属性栏中单击"添加新的变形"按钮，可以继续在图形中按住鼠标左键并拖曳，制作新的变形效果。单击"顺时针旋转"按钮和"逆时针旋转"按钮，可以设置旋转的方向。在"完整旋转" 0 框中可以设置完全旋转的圈数。在"附加度数" 180 框中可以设置超出变形完整旋转的度数。

图8-142　　　　　图8-143　　　　　图8-144

8.2.8 封套效果

使用"封套"工具可以快速创建对象的封套效果，使文本、图形和位图都可以产生丰富的变形效果。

打开一个要添加封套效果的图形，如图8-145所示。选择"封套"工具，单击图形，图形周围显示封套的控制线和控制点，如图8-146所示。按住鼠标左键并拖曳需要的控制点到适当的位置后，松开鼠标左键，可以改变图形的外形，如图8-147所示。选择"选择"工具并按Esc键，取消对图形的选取，图形的封套效果如图8-148所示。

图8-145　　　　　图8-146　　　　　图8-147　　　　　图8-148

在属性栏的"预设列表"的下拉列表中可以选择需要的预设封套效果。"直线模式"按钮、"单弧模式"按钮、"双弧模式"按钮和"非强制模式"按钮可以实现4种不同的封套编辑模式。"映射模式"的下拉列表中包含4种映射模式，分别是"水平"模式、"原始"模式、"自由变形"模式和"垂直"模式。使用不同的映射模式可以使封套中的对象符合封套的形状，制作出所需要的变形效果。

8.2.9　立体化效果

立体化效果是利用三维空间的立体旋转和光源照射功能实现的。使用CorelDRAW 2022中的"立体化"工具可以制作和编辑图形的立体化效果。

打开一个要添加立体化效果的图形，如图8-149所示。选择"立体化"工具，在图形上按住鼠标左键并向图形右下方拖曳，如图8-150所示，达到需要的立体化效果后，松开鼠标左键，图形的立体化效果如图8-151所示。

图8-149　　　　　　　　图8-150　　　　　　　　图8-151

"立体化"工具的属性栏如图8-152所示。其中部分选项及按钮的含义如下。

图8-152

"立体化类型"选项 ：单击下拉按钮弹出下拉列表，可以从中选择不同的立体化效果。

"深度"选项 ：可以设置图形立体化的深度。

"灭点属性"选项 ：可以设置灭点的属性。

"页面或对象灭点"按钮：可以将灭点锁定到页面上，在移动图形时灭点不能移动，且立体化的图形形状会改变。

"立体化旋转"按钮：单击此按钮，弹出旋转设置面板，将鼠标指针放在面板中的三维旋转设置区内会变为手形图标，拖曳鼠标可以在三维旋转设置区中旋转图形，页面中的立体化图形会进行相应的旋转。单击按钮，三维旋转设置区会切换成"旋转值"设置区，在其中可以精确地设置立体化图形的旋转数值。单击按钮，可恢复到默认设置。

"立体化颜色"按钮：单击此按钮，弹出立体化图形的颜色设置面板。颜色设置面板中有3种颜色设置模式，分别是"使用对象填充"模式、"使用纯色"模式和"使用递减的颜色"模式。

"立体化倾斜"按钮：单击此按钮，弹出斜角设置面板，勾选"使用斜角"复选框，可以通过拖曳面板中图例的节点来添加斜角效果，也可以在数值框中输入数值来设定斜角。勾选"仅显示斜角"复选框，将只显示立体化图形的斜角修饰边。

"立体化照明"按钮：单击此按钮，弹出照明设置面板，在面板中可以为立体化图形添加光源。

8.2.10 块阴影效果

使用"块阴影"工具🖱可以将矢量阴影应用于对象和文本。和"阴影"工具不同，块阴影由简单的
线条构成，是屏幕打印和标牌制作的理想之选。下面介绍如何制作块阴影效果。

打开一个图形，使用"选择"工具🖱选中要添加块阴影效果的文本，如图8-153所示。选择"块阴
影"工具🖱，将鼠标指针放在文本上，按住鼠标左键并向阴影投射的方向拖曳，如图8-154所示。拖曳
到块阴影达到所需大小后松开鼠标左键，添加的块阴影效果如图8-155所示。

图8-153　　　　　　　　　　图8-154　　　　　　　　　　图8-155

"块阴影"工具🖱的属性栏如图8-156所示。其中部分选项及按钮的含义如下。

图8-156

"深度"选项🔍2.457 mm：可以调整块阴影的纵深度。

"定向"选项🔍338.964：可以设置块阴影的角度。

"块阴影颜色"选项◇■：可以改变块阴影的颜色。

"叠印块阴影"按钮🖱：可以设置块阴影在底层对象之上打印。

"简化"按钮🖱：可以修剪对象和块阴影之间的重叠区域。

"移除孔洞"按钮🖱：可以将块阴影设为不带孔的实线曲线对象。

"从对象轮廓生成"按钮🖱：创建块阴影时，包含对象轮廓。

"展开块阴影"选项🖱0.0 mm：可以增加块阴影尺寸大小。

8.2.11 透视效果

在设计和制作图形的过程中，经常会使用到透视效果。下面介绍如何在CorelDRAW 2022中制作
透视效果。

打开一个要添加透视效果的图形，如图8-157所示。选择"对象 > 透视点 > 添加透视"命令，图形
的周围出现控制线和控制点，如图8-158所示。按住鼠标左键并拖曳控制点，制作需要的透视效果。在
拖曳控制点时出现了透视点图标✕，如图8-159所示，按住鼠标左键并拖曳透视点图标✕，可以改变透
视效果，如图8-160所示。制作好透视效果后，按空格键，确定完成的效果。

图8-157　　　　　　图8-158　　　　　　图8-159　　　　　　图8-160

双击透视图形，可对已有的透视效果进行调整。选择"对象 > 清除透视点"命令，可以清除透视
效果。

8.2.12　透镜效果

在CorelDRAW 2022中，使用"透镜"泊坞窗可以制作出多种透镜效果。下面介绍透镜效果的制
作方法。

打开一个要添加透镜效果的图形，如图8-161所示。选择"效果 > 透镜"命令，或按快捷键
Alt+F3，弹出"透镜"泊坞窗，选项的设置如图8-162所示；按Enter键，效果如图8-163所示。

图8-161　　　　　　　　图8-162　　　　　　　　图8-163

"透镜"泊坞窗中有"冻结""移除表面""视点"3个复选框，勾选它们可以设置透镜效果的公
共参数。"透镜"泊坞窗中复选框及部分选项的含义如下。

"冻结"复选框：可以将透镜下面的图形产生的透镜效果添加成透镜的一部分。产生的透镜效果不
会因为透镜或图形的移动而改变。

"移除表面"复选框：透镜将只作用于下面的图形，没有图形的页面区域将保持通透性。

"视点"复选框：可以在不移动透镜的情况下，只显示透镜下面对象的一部分。勾选"视点"复选
框后，下方的X、Y选项被激活，分别为其设置数值可以移动视点。

透明度 选项：单击该选项的下拉按钮弹出透镜类型下拉列表，如图8-164所示。在透镜类型下拉列表中可以选择需要的透镜。选择不同的透镜，再进行参数的设置，可以制作出不同的透镜效果。

图8-164

课堂练习——绘制日历小图标

练习知识要点 使用"矩形"工具、"椭圆形"工具、"圆角半径"选项和"透明度"工具绘制日历小图标，效果如图8-165所示。

效果所在位置 学习资源\Ch08\效果\绘制日历小图标.cdr。

图8-165

课后习题——绘制闹钟插画

习题知识要点 使用"椭圆形"工具、"轮廓图"工具和相关填充工具绘制钟表盘，使用"折线"工具、"轮廓笔"工具绘制指针，使用"3点椭圆形"工具、"2点线"工具绘制太阳图形和月亮图形，效果如图8-166所示。

素材所在位置 学习资源\Ch08\素材\绘制闹钟插画\01。

效果所在位置 学习资源\Ch08\效果\绘制闹钟插画.cdr。

图8-166

第 9 章

商业案例实训

本章介绍

本章通过多个商业案例实训，进一步讲解CorelDRAW 2022的强大功能和使用技巧，使读者能够牢固掌握软件功能和知识要点，制作出专业的设计作品。

学习目标

● 掌握CorelDRAW 2022基本功能的使用方法。

● 了解CorelDRAW 2022的常用设计领域。

● 掌握CorelDRAW 2022在不同设计领域的使用技巧。

技能目标

● 掌握"旅游插画"的绘制方法。

● 掌握"食品宣传单"的制作方法。

● 掌握"榨汁机电商广告"的制作方法。

● 掌握"刺绣图书封面"的制作方法。

● 掌握"核桃奶包装"的制作方法。

9.1 插画设计——绘制旅游插画

9.1.1 项目背景及设计要求

❶ 客户名称

《叮当故事汇》编辑部。

❷ 客户需求

《叮当故事汇》是一本儿童插画故事书，通过插画的形式向孩子们讲故事，内容通俗易懂。本案例要求绘制以旅游为主题的插画，插画要通过简洁的绘画语言表现出旅游的特点，以及旅游带来的乐趣。

❸ 设计要求

（1）插画设计要求形象生动，内容丰富。

（2）设计形式要直观醒目，充满趣味性。

（3）画面色彩要丰富多样，层次分明，具有吸引力。

（4）设计风格具有特色，让人对旅游产生向往之情。

（5）设计规格为200 mm（宽）×200 mm（高），分辨率为300 dpi。

9.1.2 项目素材及制作要点

❶ 作品参考

参考效果所在位置：学习资源\Ch09\效果\绘制旅游插画.cdr。效果如图9-1所示。

❷ 制作要点

使用"星形"工具、"形状"工具、"矩形"工具绘制山和树，使用"椭圆形"工具、"置于图文框内部"命令制作PowerClip效果，使用"矩形"工具、"圆角半径"选项、"移除前面对象"按钮、"椭圆形"工具、"水平镜像"按钮、"垂直镜像"按钮、"编辑填充"对话框绘制云彩和缆车。

图9-1

课堂练习1——绘制家电App引导页插画

项目背景及设计要求

❶ 客户名称

Shine家电App。

❷ 客户需求

本案例是为Shine家电App绘制引导页插画，用于产品的宣传和推广。插画要通过简洁的绘画语言突出宣传的主题，体现出平台的特点。

❸ 设计要求

（1）突出宣传主题，展现出电器美观、新潮的特点。

（2）内容丰富，使用基础绘图工具绘制。

（3）画面色彩要充满时尚感和现代感，辨识度强，能吸引人们的视线。

（4）风格具有特色，版式布局合理有序。

（5）设计规格为120 mm（宽）×100 mm（高），分辨率为300 dpi。

项目素材及制作要点

❶ 作品参考

参考效果所在位置：学习资源\Ch09\效果\绘制家电App引导页插画.cdr。效果如图9-2所示。

❷ 制作要点

使用"矩形"工具、"圆角半径"选项、"椭圆形"工具、PowerClip命令、"形状"工具和填充工具绘制洗衣机机身，使用"矩形"工具、"椭圆形"工具、"弧形"按钮和"2点线"工具绘制洗衣机按钮和滚筒，使用"透明度"工具为滚筒制作透明效果。

图9-2

课堂练习2——绘制仙人掌插画

项目背景及设计要求

❶ 客户名称

×××出版社。

❷ 客户需求

　　×××出版社是一家儿童图书出版机构，自创立以来，一直致力于为儿童创造有趣、富有教育意义的阅读体验。本案例是为一本面向儿童的教育绘本创作插画。该绘本的主题是"探索植物世界"，旨在通过丰富的植物，引发幼儿对植物及其生存环境的好奇心，同时传达一些简单的生态教育知识。要求插画能够吸引孩子们的注意力并且激发他们的想象力。

❸ 设计要求

（1）插画表意准确，能够准确地传达出信息。

（2）插画以几何元素的形式呈现。

（3）画面色彩要以温暖亲和为主，色调明亮，符合儿童审美。

（4）插画风格要保持简洁，但标志性要强且符合植物特点。

（5）设计规格为200 mm（宽）×260 mm（高），分辨率为300 dpi。

项目素材及制作要点

❶ 作品参考

参考效果所在位置：学习资源\Ch09\效果\绘制仙人掌插画.cdr。效果如图9-3所示。

❷ 制作要点

　　使用"矩形"工具、"转换为曲线"按钮、"形状"工具绘制花盆，使用"矩形"工具、"圆角半径"选项、"轮廓笔"工具、"贝塞尔"工具绘制仙人掌。

图9-3

课后习题1——绘制鸳鸯插画

项目背景及设计要求

❶ 客户名称

《探索动物世界》。

❷ 客户需求

《探索动物世界》是一本儿童绘本。这本绘本的目标是通过可爱的动物和生动的场景，引发小朋友对动物及其生活的好奇心，同时传达一些简单的生态教育知识。目前要绘制一幅鸳鸯插画，用于书中配图，要求插画的风格简单，让小朋友感到愉悦和亲切。

❸ 设计要求

（1）插画风格要温馨、可爱、富有童趣。

（2）内容简单有韵味，色彩搭配合理。

（3）画面不要过于单一，为动物绘制合适的情景。

（4）细节要足够丰富，能够吸引孩子们的注意力。

（5）设计规格为380 mm（宽）×260 mm（高），分辨率为300 dpi。

项目素材及制作要点

❶ 作品参考

参考效果所在位置：学习资源\Ch09\效果\绘制鸳鸯插画.cdr。效果如图9-4所示。

❷ 制作要点

使用"矩形"工具、"圆角半径"选项、"椭圆形"工具、"饼形"按钮绘制鸳鸯的身体和头部，使用"贝塞尔"工具、"手绘"工具、"置于图文框内部"命令绘制鸳鸯的羽毛，使用"2点线"工具、"轮廓笔"工具、"变形"工具、"拉链变形"按钮绘制装饰线条。

图9-4

课后习题2——绘制假日游轮插画

项目背景及设计要求

❶ 客户名称

×××出版社。

❷ 客户需求

　　×××出版社是一家专注于儿童文化领域的出版机构，致力于创作和出版富有想象力和教育意义的儿童图书作品。本案例是要为儿童图书绘制插画。要求绘制以轮船为主题的插画，在插画绘制上要通过简洁的绘画语言表现出轮船的神秘，以及大海的魅力。

❸ 设计要求

（1）插画设计要求形象生动、可爱丰富。

（2）设计形式要直观醒目，充满趣味性。

（3）画面色彩要丰富多样，表现形式层次分明，具有吸引力。

（4）设计风格具有特色，能够引起人们的共鸣，从而产生向往之情。

（5）设计规格为203 mm（宽）×241 mm（高），分辨率为300 dpi。

项目素材及制作要点

❶ 素材资源

图片素材所在位置：学习资源\Ch09\素材\绘制假日游轮插画\01~10。

文字素材所在位置：学习资源\Ch09\素材\绘制假日游轮插画\文字文档。

❷ 作品参考

参考效果所在位置：学习资源\Ch09\效果\绘制假日游轮插画.cdr。效果如图9-5所示。

❸ 制作要点

　　使用"贝塞尔"工具、"水平镜像"按钮、"矩形"工具、"移除前面对象"按钮绘制游轮，使用"导入"命令、"对齐与分布"泊坞窗导入并对齐素材图片，使用"贝塞尔"工具、"轮廓笔"工具绘制波浪，使用"文本"工具添加标题文字。

图9-5

9.2　宣传单设计——制作食品宣传单

9.2.1 项目背景及设计要求

❶ 客户名称

味食美餐厅。

❷ 客户需求

　　味食美餐厅是一家融合传统与创新的精品餐厅，致力于为顾客提供美味独特的菜肴和愉悦的用餐体验。现端午节来临之际，需要为餐厅制作宣传单。要求宣传单能够运用图片和宣传文字并使用独特的设计手法，主题鲜明地展现出食物的健康、可口。

❸ 设计要求

（1）宣传单要以端午节美食产品为主要的内容进行制作。

（2）使用纯色的背景用以烘托画面，使画面看起来精致诱人。

（3）色彩搭配合理，体现出宣传单的条理性。

（4）设计风格具有特色，能够吸引用户的眼球。

（5）设计规格为92 mm（宽）×210 mm（高），分辨率为300 dpi。

9.2.2 项目素材及制作要点

❶ 素材资源

图片素材所在位置：学习资源\Ch09\素材\制作食品宣传单\01~05。

文字素材所在位置：学习资源\Ch09\素材\制作食品宣传单\文字文档。

❷ 作品参考

参考效果所在位置：学习资源\Ch09\效果\制作食品宣传单.cdr。效果如图9-6所示。

❸ 制作要点

　　使用"导入"命令添加产品图片，使用"文本"工具、"轮廓图"工具添加标题文字，使用"手绘"工具、"轮廓笔"工具绘制装饰线条，使用"矩形"工具、"圆角半径"选项、"文本"工具绘制标志，使用"插入页面"命令添加页面，使用"字形"泊坞窗插入字形，使用"文本"工具、"制表位"命令添加产品品类，使用"文本"工具、"文本"泊坞窗添加其他相关信息。

图9-6

课堂练习1——制作家居宣传单折页

项目背景及设计要求

❶ 客户名称

顾凯美家居设计工作室。

❷ 客户需求

　　顾凯美家居设计工作室是一家专注于家居设计的专业设计团队，致力于为客户打造品位和需求相契合的家居设计方案。本案例是为该工作室制作的宣传单，希望通过宣传单能够生动地展示不同风格的家居设计案例，同时突出工作室的专业性和创意。

❸ 设计要求

（1）宣传单背景要求制作出亮眼的视觉效果。

（2）使用浅色系色彩进行设计，符合设计行业舒适细腻的特点。

（3）内容规划合理，工作室信息要保持完整，突出专业性。

（4）宣传单的排版要清晰、整齐，易于阅读。

（5）设计规格为285 mm（宽）×210 mm（高），分辨率为300 dpi。

项目素材及制作要点

❶ 素材资源

图片素材所在位置：学习资源\Ch09\素材\制作家居宣传单折页\01~06。

文字素材所在位置：学习资源\Ch09\素材\制作家居宣传单折页\文字文档。

❷ 作品参考

参考效果所在位置：学习资源\Ch09\效果\制作家居宣传单折页.cdr。效果如图9-7所示。

❸ 制作要点

　　使用"导入"命令添加家居图片，使用"矩形"工具和"置于图文框内部"命令制作图框剪裁效果，使用"文本"工具、"文本"泊坞窗添加正/背面和内页宣传信息，使用"矩形"工具、"2点线"工具和"轮廓笔"工具绘制装饰图形。

图9-7

课堂练习2——制作农产品宣传单

项目背景及设计要求

❶ 客户名称

元气生活农场。

❷ 客户需求

　　元气生活农场是一家致力于提供优质有机蔬菜的农场。该农场以自然种植方式，培育出新鲜、营养丰富的蔬菜，为人们的生活带来美味与满足。现新品种推广，要求为此设计宣传单，宣传单的语言要求简明扼要，形式要做到新颖美观，突出宣传点。

❸ 设计要求

（1）宣传单设计要通过插画元素表明宣传主题。

（2）使用浅色背景，以衬托宣传内容。

（3）宣传单内容全面详细，版面丰富，富有变化。

（4）信息提炼明确，抓住宣传要点。

（5）设计规格为210 mm（宽）×297 mm（高），分辨率为300 dpi。

项目素材及制作要点

❶ 素材资源

图片素材所在位置：学习资源\Ch09\素材\制作农产品宣传单\01。

文字素材所在位置：学习资源\Ch09\素材\制作农产品宣传单\文字文档。

❷ 作品参考

参考效果所在位置：学习资源\Ch09\效果\制作农产品宣传单.cdr。效果如图9-8所示。

❸ 制作要点

　　使用"矩形"工具、"网状填充"工具、"颜色"泊坞窗绘制宣传单背景，使用"椭圆形"工具、"转换为曲线"按钮、"形状"工具、"网状填充"工具、"颜色"泊坞窗绘制西红柿，使用"星形"工具、"角"泊坞窗、"封套"工具、"渐变填充"按钮和"椭圆形"工具绘制西红柿叶子，使用"文本"工具、"文本"泊坞窗添加宣传文字。

图9-8

课后习题1——制作木雕宣传单

项目背景及设计要求

❶ 客户名称

艺韵木雕工作室。

❷ 客户需求

艺韵是一家传统木雕工作室,致力于创造出各种精美的雕塑和艺术品。木雕作为一门古老的工艺,已经存在了数千年,被广泛应用于雕刻雕塑、家具装饰、建筑装饰等领域。现工作室需要制作一份木雕艺术宣传单,用于展示木雕技艺和独特的创作风格。

❸ 设计要求

(1)宣传单的设计风格要与木雕工作室的定位相符。

(2)画面中要包括建筑装饰、文具木雕摆件等具有特色的相关元素。

(3)宣传单的色彩搭配合理,符合木雕的自然感和质感。

(4)将主题文字进行设计,与整个画面和谐统一。

(5)设计规格为210 mm(宽)×297 mm(高),分辨率为300 dpi。

项目素材及制作要点

❶ 素材资源

图片素材所在位置:学习资源\Ch09\素材\制作木雕宣传单\01~06。

文字素材所在位置:学习资源\Ch09\素材\制作木雕宣传单\文字文档。

❷ 作品参考

参考效果所在位置:学习资源\Ch09\效果\制作木雕宣传单.cdr。效果如图9-9所示。

❸ 制作要点

使用"导入"命令添加展示图片,使用"文本"工具、"形状"工具添加并编辑标题文字,使用"椭圆形"工具、"矩形"工具、"圆角半径"选项绘制装饰图形,使用"文本"工具、"文本"泊坞窗添加其他相关信息。

图9-9

课后习题2——制作饮品宣传单

项目背景及设计要求

❶ 客户名称

香果源。

❷ 客户需求

　　香果源是一家专注于提供多种水果茶饮的店铺，致力于将新鲜水果与茶相结合，制作美味可口的果味茶饮，为顾客带来愉悦的味觉体验。本案例是为一款新推出的名为"气泡莓莓"的茶饮制作宣传单，要求特点突出，能引起人们的兴趣。

❸ 设计要求

（1）使用浅色的背景起到衬托作用，突出宣传主体。

（2）图片的运用要醒目突出，能引起人们的食欲。

（3）文字的设计和运用清晰明了，让人一目了然。

（4）整体设计要简洁清晰，易于人们的浏览。

（5）设计规格为210 mm（宽）×297 mm（高），分辨率为300 dpi。

项目素材及制作要点

❶ 素材资源

图片素材所在位置：学习资源\Ch09\素材\制作饮品宣传单\01。

文字素材所在位置：学习资源\Ch09\素材\制作饮品宣传单\文字文档。

❷ 作品参考

参考效果所在位置：学习资源\Ch09\效果\制作饮品宣传单.cdr。效果如图9-10所示。

❸ 制作要点

　　使用"导入"命令导入图片，使用"文本"工具、"编辑填充"对话框、"木版画"命令、"晶体化"命令添加并编辑标题文字，使用"文本"工具、"文本"泊坞窗添加其他相关信息。

图9-10

9.3 广告设计——制作榨汁机电商广告

9.3.1 项目背景及设计要求

❶ **客户名称**

创维科技。

❷ **客户需求**

创维科技是一家小型家电科技有限公司。该公司以为人们提供高质量、智能化、节能环保的小型家电产品为使命，致力于使大家的生活更加便捷、舒适和健康。现该公司需要为新款榨汁机制作宣传广告，要求能够吸引潜在客户购买其全自动榨汁机，并提高品牌知名度。

❸ **设计要求**

（1）醒目的主题，能够使客户一眼看出产品特点。

（2）使用高质量的图片展示产品的外观和功能。

（3）使用与果汁相关的色彩，增加视觉冲击力。

（4）版式保持简洁，让人一目了然。

（5）设计规格为1920 px（宽）×600 px（高），分辨率为72 dpi。

9.3.2 项目素材及制作要点

❶ **素材资源**

图片素材所在位置：学习资源\Ch09\素材\制作榨汁机电商广告\01~03。

文字素材所在位置：学习资源\Ch09\素材\制作榨汁机电商广告\文字文档。

❷ **作品参考**

参考效果所在位置：学习资源\Ch09\效果\制作榨汁机电商广告.cdr。效果如图9-11所示。

❸ **制作要点**

使用"文本"工具、"文本"泊坞窗和"编辑填充"对话框添加标题文字，使用"多边形"工具、"形状"工具、"椭圆形"工具、"轮廓笔"工具和"文本"工具制作功能展示标签，使用"矩形"工具、"圆角半径"选项和"文本"工具制作详情查看和购买按钮。

图9-11

课堂练习1——制作化妆品电商广告

项目背景及设计要求

❶ 客户名称

温碧柔。

❷ 客户需求

　　温碧柔是一个涉足护肤、彩妆、香水等多个产品领域的年轻护肤品牌。现该品牌推出新款水润防晒乳，要求设计一款Banner，用于线上宣传。设计要符合年轻人的喜好，给人清爽透亮的感觉。

❸ 设计要求

（1）广告内容以产品实物为主导。

（2）背景与装饰符合产品需求，体现出产品特色。

（3）画面色彩要明艳透亮，以丰富画面效果。

（4）设计风格具有特色，版式活而不散，能够引起顾客的兴趣及购买欲望。

（5）设计规格为1920 px（宽）×700 px（高），分辨率为72 dpi。

项目素材及制作要点

❶ 素材资源

图片素材所在位置：学习资源\Ch09\素材\制作化妆品电商广告\01。

文字素材所在位置：学习资源\Ch09\素材\制作化妆品电商广告\文字文档。

❷ 作品参考

参考效果所在位置：学习资源\Ch09\效果\制作化妆品电商广告.cdr。效果如图9-12所示。

❸ 制作要点

　　使用"矩形"工具、"透明度"工具制作半透明效果，使用"文本"工具、"文本"泊坞窗添加宣传性文字，使用"字形"泊坞窗插入字形，使用"矩形"工具、"圆角半径"选项、"2点线"工具绘制装饰图形。

图9-12

课堂练习2——制作女包电商广告

项目背景及设计要求

❶ 客户名称

晒潮流。

❷ 客户需求

晒潮流是为广大年轻消费者提供箱包服饰销售及售后服务的平台。该平台拥有来自全球不同地区、不同风格的箱包服饰，而且为用户推荐特色及新品。现"双11"来临之际，该平台希望设计一款Banner，要求展现产品特色的同时，突出优惠力度。

❸ 设计要求

（1）广告的设计要求以产品实物为主导。

（2）要求以插画元素来装饰画面，表现产品特色。

（3）画面色彩要明亮鲜丽，使用大胆而丰富的色彩，丰富画面效果。

（4）设计风格具有特色，版式活而不散，能够引起顾客的兴趣及购买欲望。

（5）设计规格为750 px（宽）×200 px（高），分辨率为72 dpi。

项目素材及制作要点

❶ 素材资源

图片素材所在位置：学习资源\Ch09\素材\制作女包电商广告\01。

文字素材所在位置：学习资源\Ch09\素材\制作女包电商广告\文字文档。

❷ 作品参考

参考效果所在位置：学习资源\Ch09\效果\制作女包电商广告.cdr。效果如图9-13所示。

❸ 制作要点

使用"文本"工具、"文本"泊坞窗添加标题文字，使用"转换为曲线"按钮、"形状"工具、"删除节点"按钮编辑标题文字，使用"矩形"工具、"圆角半径"选项、"文本"工具绘制查看按钮。

图9-13

课后习题1——制作空调扇电商广告

项目背景及设计要求

❶ 客户名称

戴森尔。

❷ 客户需求

　　戴森尔是一家电商用品零售企业，主要贩售平整式包装的家具、配件、浴室和厨房用品，以及常见的家用电器等。公司近期新上架一款变频空调扇，需要为其制作一个全新的网店首页广告，要求起到宣传公司新上架产品的作用，向客户传递清新和雅致的感受。

❸ 设计要求

（1）画面要求以产品图片为主体，模拟实际场景，带来直观的视觉感受。

（2）设计要求使用直观醒目的文字来诠释广告内容，表现产品特色。

（3）整体色彩清新干净，与宣传的主题相呼应。

（4）设计风格简洁大方，给人整洁舒爽的感觉。

（5）设计规格为1920 px（宽）×800 px（高），分辨率为72 dpi。

项目素材及制作要点

❶ 素材资源

图片素材所在位置：学习资源\Ch09\素材\制作空调扇电商广告\01。

文字素材所在位置：学习资源\Ch09\素材\制作空调扇电商广告\文字文档。

❷ 作品参考

参考效果所在位置：学习资源\Ch09\效果\制作空调扇电商广告.cdr。效果如图9-14所示。

❸ 制作要点

　　使用"导入"命令导入底图，使用"文本"工具、"文本"泊坞窗添加产品名称和价格信息，使用"矩形"工具、"圆角半径"选项、"文本"工具制作功能模块。

图9-14

课后习题2——制作现代家居电商广告

项目背景及设计要求

❶ 客户名称

尘乡居。

❷ 客户需求

尘乡居是专门销售现代家具的平台，包括沙发、橱柜、双人床等常见家具。该平台近期推出了新款布艺沙发，需要为其制作一个全新的网店首页广告。要求突出广告宣传的主题。

❸ 设计要求

（1）广告内容以家具实物为主，装饰品与产品相结合，相互衬托。

（2）色调要通透明亮，给人品质上乘的感觉。

（3）产品的展示主次分明，让人一目了然，以便于促进销售。

（4）整体设计清新自然，让人产生购买欲望。

（5）设计规格为1920 px（宽）×800 px（高），分辨率为72 dpi。

项目素材及制作要点

❶ 素材资源

图片素材所在位置：学习资源\Ch09\素材\制作现代家居电商广告\01。

文字素材所在位置：学习资源\Ch09\素材\制作现代家居电商广告\文字文档。

❷ 作品参考

参考效果所在位置：学习资源\Ch09\效果\制作现代家居电商广告.cdr。效果如图9-15所示。

❸ 制作要点

使用"文本"工具添加宣传性文字，使用"轮廓笔"工具添加文字轮廓，使用"矩形"工具、"阴影"工具制作"查看详情"按钮。

图9-15

9.4 书籍设计——制作刺绣图书封面

9.4.1 项目背景及设计要求

❶ 客户名称

×××出版社。

❷ 客户需求

×××出版社是一家专注于传统文化艺术领域的出版机构，致力于挖掘和传承中国丰富的传统艺术和手工艺，通过出版图书、杂志等形式，向读者传递传统文化的魅力与价值。本案例是为刺绣图书制作图书封面。因为图书的内容是中国刺绣，所以设计要求以刺绣图案为封面主要内容，并且合理搭配排版与用色，使图书看起来更具特色。

❸ 设计要求

（1）封面以刺绣图案为主，体现出本书的特色。

（2）使用刺绣作品进行展示，使画面看起来真实且富有特点。

（3）要表现出传统、典雅的风格。

（4）要求整个设计充满中国传统元素，符合刺绣这一传统手工艺的身份。

（5）设计规格为380 mm（宽）×260 mm（高），分辨率为300 dpi。

9.4.2 项目素材及制作要点

❶ 素材资源

图片素材所在位置：学习资源\Ch09\素材\制作刺绣图书封面\01~06。

文字素材所在位置：学习资源\Ch09\素材\制作刺绣图书封面\文字文档。

❷ 作品参考

参考效果所在位置：学习资源\Ch09\效果\制作刺绣图书封面.cdr。效果如图9-16所示。

❸ 制作要点

使用辅助线分割页面，使用"导入"命令添加素材图片，使用"文本"工具、"文本"泊坞窗添加封面文字和出版信息，使用"矩形"工具、"圆角半径"选项、"形状"工具、"添加节点"按钮绘制装饰图形，使用"字形"泊坞窗插入字形。

图9-16

课堂练习1——制作剪纸图书封面

项目背景及设计要求

❶ 客户名称

×××出版社。

❷ 客户需求

　　×××出版社是一家学术底蕴深厚的出版机构，专注于学术研究和传统文化的深度挖掘。本案例是为剪纸图书制作封面，要求能够通过封面吸引读者注意，封面设计要围绕剪纸这一主题进行。

❸ 设计要求

（1）图书封面的设计使用纯色背景，起到衬托主题的作用。

（2）整体色调清新舒适，色彩丰富，搭配自然。

（3）图书的封面要表现出剪纸文化深厚的底蕴。

（4）文字设计应与图片相契合，要配合图片进行设计搭配。

（5）设计规格为385 mm（宽）×260 mm（高），分辨率为300 dpi。

项目素材及制作要点

❶ 素材资源

图片素材所在位置：学习资源\Ch09\素材\制作剪纸图书封面\01、02。

文字素材所在位置：学习资源\Ch09\素材\制作剪纸图书封面\文字文档。

❷ 作品参考

参考效果所在位置：学习资源\Ch09\效果\制作剪纸图书封面.cdr。效果如图9-17所示。

❸ 制作要点

　　使用辅助线分割页面，使用"打开"命令、"矩形"工具、"变换"泊坞窗、"置于图文框内部"命令制作封面背景，使用"文本"工具、"形状"工具添加封面文字和出版信息。

图9-17

课堂练习2——制作化妆美容图书封面

项目背景及设计要求

❶ 客户名称

×××出版社。

❷ 客户需求

《四季美妆私语——柳老师教你化妆》是×××出版社出版的一本介绍美妆技巧的图书，书中介绍了如何打造符合不同时节的美妆造型，并提供了美容护肤教程。现要求通过对书名的设计以及对其他图形的编排，制作出醒目且不失优雅的封面。

❸ 设计要求

（1）图书封面的设计要以和美妆有关的元素为主导，表现图书特色。

（2）画面色彩以粉色调为主，使画面看起来优雅柔美。

（3）画面设计要富有创意，使用插画元素来进行点缀，为画面增添趣味。

（4）设计风格要具有特色，版式活而不散，能够引起读者的好奇及阅读兴趣。

（5）设计规格为460 mm（宽）×260 mm（高），分辨率为300 dpi。

项目素材及制作要点

❶ 素材资源

图片素材所在位置：学习资源\Ch09\素材\制作化妆美容图书封面\01~08。

文字素材所在位置：学习资源\Ch09\素材\制作化妆美容图书封面\文字文档。

❷ 作品参考

参考效果所在位置：学习资源\Ch09\效果\制作化妆美容图书封面.cdr。效果如图9-18所示。

❸ 制作要点

使用辅助线分割页面，使用"矩形"工具、"椭圆形"工具、"透明度"工具、"导入"命令和"双色图样填充"按钮制作封面背景，使用"文本"工具、"轮廓笔"工具和"文本"泊坞窗添加封面信息和介绍性文字，使用"2点线"工具绘制装饰线条。

图9-18

课后习题1——制作美食图书封面

项目背景及设计要求

❶ 客户名称

×××出版社。

❷ 客户需求

　　×××出版社是一家以策划出版有关饮食文化类书籍为主的出版社，现准备出版《舌尖上的味道——家常菜》一书，为厨艺爱好者提供参考，该书以各类家常菜的制作方法为主要内容，所以设计图书封面时要求以各种家常菜的美图为主要表现内容，且色彩搭配要合理，使图书看起来更具特色。

❸ 设计要求

（1）设计具有创意，具有独特的表现力。

（2）能够突出书中所要表现的内容，整个画面的视觉流程流畅，简洁大方。

（3）色彩搭配丰富跳跃，能够让观看者心情愉悦。

（4）封面设计要求符合主题，表现美食书的特色。

（5）设计规格为385 mm（宽）×260 mm（高），分辨率为300 dpi。

项目素材及制作要点

❶ 素材资源

图片素材所在位置：学习资源\Ch09\素材\制作美食图书封面\01~06。

文字素材所在位置：学习资源\Ch09\素材\制作美食图书封面\文字文档。

❷ 作品参考

参考效果所在位置：学习资源\Ch09\效果\制作美食图书封面.cdr。效果如图9-19所示。

❸ 制作要点

　　使用辅助线分割页面，使用"导入"命令、"矩形"工具、"置于图文框内部"命令制作图框剪裁效果，使用"文本"工具、"文本"泊坞窗添加封面文字和出版信息，使用"椭圆形"工具、"轮廓笔"工具绘制装饰圆形。

图9-19

课后习题2——制作茶鉴赏图书封面

项目背景及设计要求

❶ 客户名称

×××出版社。

❷ 客户需求

×××出版社即将出版一本名叫《茶之鉴赏》的图书，该书的内容主要是介绍中国茶文化中鉴茶、泡茶、品茶等方面的知识，还介绍了茶艺的历史与分类。设计该书的封面时，要求紧紧围绕"茶"这一主题展开设计。

❸ 设计要求

（1）图书的封面以浅色背景与茶山为底，使画面视野宽广开阔。

（2）字体的设计要符合"茶"这一特色，要具有中国特色。

（3）封面文字可以采用竖排版的形式，使封面更具古味。

（4）色彩搭配宜舒适淡雅，让人心旷神怡。

（5）设计规格为440 mm（宽）×295 mm（高），分辨率为300 dpi。

项目素材及制作要点

❶ 素材资源

图片素材所在位置：学习资源\Ch09\素材\制作茶鉴赏图书封面\01~05。

文字素材所在位置：学习资源\Ch09\素材\制作茶鉴赏图书封面\文字文档。

❷ 作品参考

参考效果所在位置：学习资源\Ch09\效果\制作茶鉴赏图书封面.cdr。效果如图9-20所示。

❸ 制作要点

使用辅助线分割页面，使用"矩形"工具、"导入"命令和"置于图文框内部"命令制作图书封面，使用"亮度"命令和"颜色平衡"命令调整图片颜色，使用"高斯式模糊"命令制作图片的模糊效果，使用"文本"工具输入封面文字，使用"转换为曲线"命令和"渐变填充"按钮制作书名中的"茶"字。

图9-20

9.5 包装设计——制作核桃奶包装

9.5.1 项目背景及设计要求

❶ 客户名称

食佳股份有限公司。

❷ 客户需求

食佳股份有限公司是一家以奶制品、干果、茶叶、休闲零食等食品的分装与销售为主的企业。现公司推出高钙低脂核桃奶，需要设计一款包装，包装的要求是能够传达出核桃奶健康美味的特点，并能够快速地吸引消费者的注意。

❸ 设计要求

（1）包装风格要求清新爽利，符合产品特色。

（2）字体要求简单干净，配合整体的包装风格，使包装更显高端。

（3）设计要求简洁大气，图文搭配编排合理，视觉效果强烈。

（4）以真实简洁的方式向消费者传达信息内容。

（5）设计规格为210 mm（宽）×297 mm（高），分辨率为300 dpi。

9.5.2 项目素材及制作要点

❶ 素材资源

图片素材所在位置：学习资源\Ch09\素材\制作核桃奶包装\01。

文字素材所在位置：学习资源\Ch09\素材\制作核桃奶包装\文字文档。

❷ 作品参考

参考效果所在位置：学习资源\Ch09\效果\制作核桃奶包装.cdr。效果如图9-21所示。

❸ 制作要点

使用"导入"命令添加包装外形，使用"椭圆形"工具、"3点椭圆形"工具、"贝塞尔"工具、"形状"工具和"轮廓笔"工具绘制卡通形象，使用"文本"工具、"文本"泊坞窗添加商品名称及其他相关信息，使用"贝塞尔"工具、"文本"工具和"焊接"按钮制作文字镂空效果。

图9-21

课堂练习1——制作猪肉酥包装

项目背景及设计要求

❶ 客户名称

松林食品有限公司。

❷ 客户需求

松林食品有限公司是一家从事研发、制造、分销与出口的综合型食品制造公司，公司产品涵盖糕点、果冻、干果和调味品等众多类别。现新款猪肉酥即将上市，需要设计外包装，要求是产品包装应符合产品特点和公司特色。

❸ 设计要求

（1）包装风格清新舒爽，符合产品特色。

（2）字体简单干净，配合整体的包装风格，使包装更显高端。

（3）图文搭配编排合理，视觉效果强烈。

（4）以真实简洁的方式向消费者传达信息内容。

（5）设计规格为365 mm（宽）×104 mm（高），分辨率为300 dpi。

项目素材及制作要点

❶ 素材资源

图片素材所在位置：学习资源\Ch09\素材\制作猪肉酥包装\01、02。

文字素材所在位置：学习资源\Ch09\素材\制作猪肉酥包装\文字文档。

❷ 作品参考

参考效果所在位置：学习资源\Ch09\效果\制作猪肉酥包装.cdr。效果如图9-22所示。

❸ 制作要点

使用"贝塞尔"工具、"矩形"工具、"打开"命令、PowerClip命令制作包装底图，使用"文本"工具、"转换为曲线"按钮绘制产品名称，使用"文本"工具、"文本"泊坞窗添加营养成分表和其他包装信息，使用"转换为位图"命令、"柱面"命令和"封套"工具制作铁盒立体展示图。

图9-22

课堂练习2——制作柠檬汁包装

项目背景及设计要求

❶ 客户名称

康果益食品有限公司。

❷ 客户需求

　　康果益是一家以干果、茶叶、饮品和速溶咖啡等食品的研发、分装及销售为主，致力于为客户提供高品质、高性价比、高便利性产品的公司。现该公司需要制作柠檬汁包装，要求在画面制作上要清新有创意，符合公司的定位与市场需求。

❸ 设计要求

（1）包装使用卡通绘图，给人活泼和亲近感。

（2）画面排版主次分明，增加画面的趣味和美感。

（3）整体色彩体现出新鲜清爽的特点，给人健康活力的印象。

（4）整体设计精致简约，能够吸引消费者的注意力。

（5）设计规格为297 mm（宽）×210 mm（高），分辨率为300 dpi。

项目素材及制作要点

❶ 素材资源

图片素材所在位置：学习资源\Ch09\素材\制作柠檬汁包装\01~04。

文字素材所在位置：学习资源\Ch09\素材\制作柠檬汁包装\文字文档。

❷ 作品参考

参考效果所在位置：学习资源\Ch09\效果\制作柠檬汁包装.cdr。效果如图9-23所示。

❸ 制作要点

　　使用"矩形"工具、"渐变填充"按钮和PowerClip命令制作包装底图，使用"文本"工具、"文本"泊坞窗、"轮廓图"工具、"封套"工具、"贝塞尔"工具、"轮廓笔"工具添加产品名称和信息，使用"贝塞尔"工具、"导入"命令和"转换为位图"命令制作包装立体展示图。

图9-23

课后习题1——制作大米包装

项目背景及设计要求

❶ 客户名称

稻香米业。

❷ 客户需求

稻香米业是一家专注于提供高品质、健康谷物产品的公司，致力于为消费者提供优质的谷物选择，让每一餐都充满美味和满足。现该公司需要制作大米包装，要求在画面制作上要清新有创意，符合公司的定位与市场需求。

❸ 设计要求

（1）包装袋上添加田园风景插画，以体现出产品的自然纯净。

（2）画面排版清晰明了，更易于识别。

（3）画面色调统一，整体给人以美感。

（4）整体设计简单大方，易使人产生购买欲望。

（5）设计规格为297 mm（宽）×210 mm（高），分辨率为300 dpi。

项目素材及制作要点

❶ 素材资源

图片素材所在位置：学习资源\Ch09\素材\制作大米包装\01~05。

文字素材所在位置：学习资源\Ch09\素材\制作大米包装\文字文档。

❷ 作品参考

参考效果所在位置：学习资源\Ch09\效果\制作大米包装.cdr。效果如图9-24所示。

❸ 制作要点

使用"导入"命令、"矩形"工具、"渐变填充"按钮、"贝塞尔"工具绘制包装底图，使用"文本"工具、"文本"泊坞窗添加产品名称，使用"2点线"工具、"贝塞尔"工具、"椭圆形"工具、"矩形"工具、"圆角半径"选项、"透明度"工具绘制装饰图形，使用"文本"工具、"文本"泊坞窗、"表格"工具添加营养成分表和其他包装信息，使用"矩形"工具、"圆角半径"选项、"导入"命令和"置于图文框内部"命令制作图片剪裁效果。

图9-24

227

课后习题2——制作夹心饼干包装

项目背景及设计要求

❶ 客户名称

麦维特食品有限公司。

❷ 客户需求

　　麦维特食品有限公司是一家以膨化食品为主要经营范围的食品公司，要求为该公司最新产品——全麦夹心饼干制作产品包装，包装重点表现新产品的特色，要与品牌的形象相贴合，能吸引消费者注意。

❸ 设计要求

（1）包装风格要求干净自然，突出品牌和卖点。

（2）实物图片的运用能够引发顾客的联想。

（3）设计要求以紫色为底，与产品相呼应。

（4）整体效果简洁直观，明快舒适，让人一目了然。

（5）设计规格为330 mm（宽）×100 mm（高），分辨率为300 dpi。

项目素材及制作要点

❶ 素材资源

图片素材所在位置：学习资源\Ch09\素材\制作夹心饼干包装\01、02。

文字素材所在位置：学习资源\Ch09\素材\制作夹心饼干包装\文字文档。

❷ 作品参考

参考效果所在位置：学习资源\Ch09\效果\制作夹心饼干包装.cdr。效果如图9-25所示。

❸ 制作要点

　　使用"矩形"工具、"导入"命令、"旋转角度"选项和"水平翻转"按钮制作包装底图，使用"3点椭圆形"工具、"透明度"工具、"转换为位图"命令和"高斯式模糊"命令为产品图片添加阴影效果，使用"文本"工具、"拆分"命令、"转换为曲线"命令、"形状"工具和相关填充工具制作产品名称，使用"矩形"工具、"圆角半径"选项、"移除前面对象"按钮、"文本"工具和"文本"泊坞窗制作营养成分标签，使用"矩形"工具、"椭圆形"工具、"调和"工具和"文本"工具制作品牌名称。

图9-25